AI，生活中的超级英雄

李尚龙 著

浙江人民出版社

图书在版编目（CIP）数据

AI，生活中的超级英雄 / 李尚龙著. -- 杭州 ：浙江人民出版社，2025.5. -- ISBN 978-7-213-11961-3

Ⅰ．TP18-49

中国国家版本馆CIP数据核字第20252ZF633号

AI，生活中的超级英雄

AI, SHENGHUO ZHONG DE CHAOJI YINGXIONG

李尚龙　著

出版发行：浙江人民出版社（杭州市环城北路177号　邮编　310006）
　　　　　市场部电话：(0571)85061682　85176516
责任编辑：祝含瑶
营销编辑：陈雯怡　张紫懿
责任校对：何培玉
责任印务：幸天骄
封面设计：王　芸
电脑制版：杭州兴邦电子印务有限公司
印　　刷：浙江新华印刷技术有限公司
开　　本：880毫米×1240毫米　1/32　　印　　张：6.75
字　　数：117千字
版　　次：2025年5月第1版　　　　　　印　　次：2025年5月第1次印刷
书　　号：ISBN 978-7-213-11961-3
定　　价：39.00元

如发现印装质量问题，影响阅读，请与市场部联系调换。

目录 CONTENTS

第一章 解锁超级英雄的秘密——从零到小专家   1

第一节　AI 的前世今生　　　3
你将看到 AI 一步步从科幻成为现实、在比赛中战胜人类并迈入语言巅峰的故事。

第二节　AI 是怎么学习的　　　17
AI 的成长和学习跟人类一样吗？两者有什么区别？而人类又该学什么呢？

第三节　AI 到底是什么　　　28
数据是 AI 的食物、算法是 AI 的大脑，AI 还有自己的神经网络和训练课堂……好多精彩的知识点！

第二章　身边的 AI——原来它一直陪着你　49

第一节　AI 在哪里：我身边的小帮手　51

语音助手、用户画像、智能设备、城市安全守护者……AI 真的离我们很近。

第二节　AI 的超能力：未来还能做什么　66

会开车的机器人、医生的"超级助手"、地球环境的超级守护者，未来还有什么呢？

第三节　AI 带来的思考：它真的很完美吗　73

没想到吧，AI 也会犯错，也有"偏见"，那它能自己做决定吗？我们该注意哪些隐私问题呢？

第三章　学习和生活的 AI 魔法　89

第一节　AI 如何让学习更轻松　91

英语单词轻松背、数学不再困难、历史变得有趣，让知识玩起来！

第二节　在 AI 的陪伴下全面发展　108

让 AI 成为你的沟通协作小助手、全球视野指南、编程启蒙老师，以及有趣的运动训练师！

第三节　AI 让我们的生活更便利　　121
　　AI 能帮你规划假期、培养下厨新技能，还能当你的宠物小管家、应急小助手。

第四节　个性化 AI：你的超级助理　　131
　　找到兴趣、靠近梦想、规划未来，AI 和你独特的情感由此产生。

第四章　AI 未来的探索　　139

第一节　探索未来的 AI 学校　　141
　　你将不再被时间地点限制，还能拥有自己的专属课程，学习方式也变得更有趣，期待吗？

第二节　未来的职业会变成什么样　　150
　　这是一个没有边界的职业世界，充满了多样性和"AI ＋人类"的合作。

第三节　AI 未来世界：无限可能的畅想　　161
　　准备好成为一名 AI 城市设计师吧！来参加环保创意挑战，设计你的未来太空旅行指南。

第五章　AI 的奇思妙想工厂　　173

第一节　AI 与艺术的碰撞：创作与模仿　175

带你认识几位"AI 艺术家"，尝试 AI 在艺术领域的奇妙运用，感受它和人类在艺术创作上的区别。

第二节　AI 与科学的探索：解锁自然的奥秘　186

解开蛋白质的真实面目、探索宇宙的奥秘、助力建筑行业创建新家园……AI 大显身手！

第三节　AI 与创新发明：让想法落地　194

快来和 AI 互动，一起发明趣味单词学习卡、创造属于你的超级英雄。

附录 1　我的 AI 小工具箱　　201

附录 2　简单的 AI 编程入门指南　　204

结　语　　208

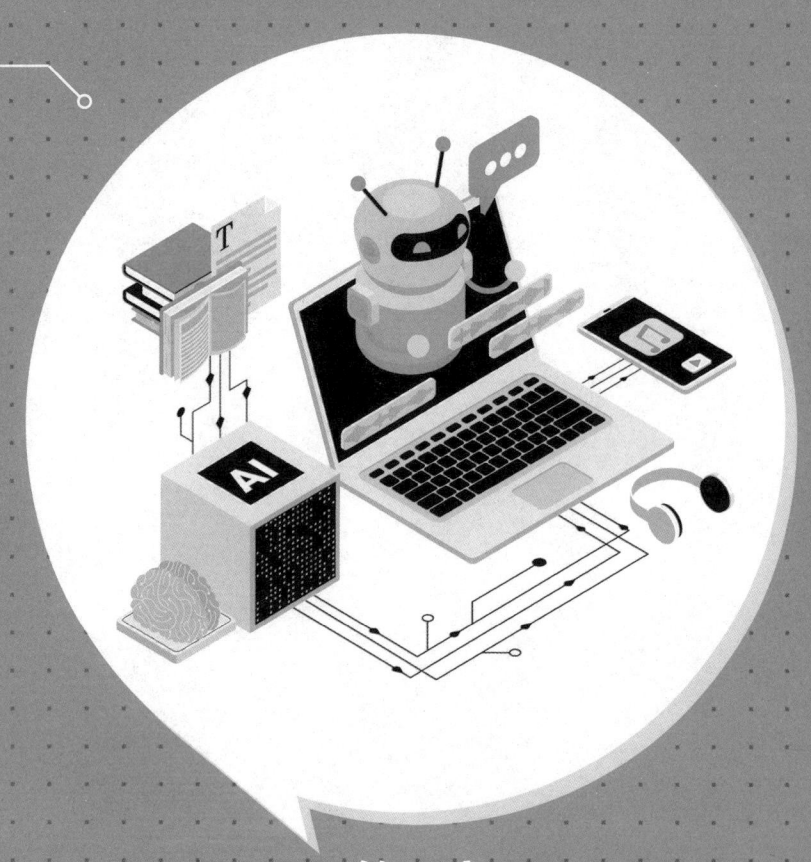

第一章
解锁超级英雄的秘密
——从零到小专家

第一节
AI 的前世今生

让我们带着一个有趣的思考开始这一节吧!

"AI"就是我们常说的"人工智能",如果你有一个 AI 朋友,你希望它拥有的最酷技能是什么?它能做些什么来帮助你实现梦想?

一个会做作业的机器人,能轻松帮你解开最难的数学题;一个踢足球、打篮球样样精通的 AI 伙伴,永远是你最强的队友;一艘智能飞船,可以带你去不同的星球探险。

那么问题来了,AI 这个"超级英雄"真的能帮我们实现这些愿望吗?接下来,我们会一点一点揭开 AI 的秘密,一起看看它到底能带给我们怎样的可能性。准备好了吗?让我们出发吧!

1 从科幻到现实

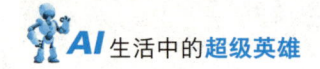

小朋友们有没有想过这样一个画面：很久很久以前，你们的爸爸妈妈也像你们一样，做过一个特别酷的梦。他们希望有一个机器人朋友，像电影《钢铁侠》里的 AI 程序贾维斯那样聪明，能陪他们聊天、帮他们做作业，甚至一起经历惊险又刺激的冒险！

《超能陆战队》中的大白

科幻电影里这样的角色很多，还记得《超能陆战队》里的大白吗？那个又软又萌的充气机器人医生！他不仅能帮忙治病，还会在你伤心的时候张开双臂，给你一个温暖的拥抱。虽然目前这些机器人大多只存在于电影和游戏里，但未来某一天，它们也许真的会出现在我们的生活中。未来的大白，也许就是你身边的好朋友哦！

接下来请想象一下，某天清晨你被一个温暖的声音叫醒："早安，今天是晴天哦，记着穿一件薄薄的长袖。"

这个声音是你爸爸妈妈的吗？

不是，它是一个 AI 助手，类似于家中的智能语音控制系统,但它可以与你对话。当你起床之后,你会发现厨房里的各种家电已经在它的控制下自动准备早餐,一个小机器人把你喜欢的书装进你的书包里,把文具盒里的铅笔削尖,帮你收拾好昨天晚上你散落在桌上的各种各样的学习工具。在你刷完牙、洗完脸后,智能厨房已经把早餐做好了。吃完早餐后,你跟爸爸妈妈说了声再见。打开家门时,一辆无人驾驶的校车已经在门口等着你,它会将你送到学校。

你知道吗?刚才说的这些不再是梦想,在技术上已经成了现实,并且很快就有可能在我们的生活里实现。

几十年前,人们觉得科幻书里或者电影里的场景和想法就像天上的星星,遥不可及。可是看看我们现在的生活吧——会飞的汽车正在实验室里测试,会说话的机器人也已经成了我们生活的一部分。原来,这些不可能的梦想,正在一步步被实现!

AI 就像一个超级英雄,悄悄地帮我们把那些大胆的幻想变成现实,也像一位隐秘的"织梦者",把人类的梦想编织成一颗颗可以触碰的星星,然后慢慢洒满整个世界。比如手机里能和你互动的语音助手,蛇年春晚上会跳舞的机器人,可以瞬间画出一幅充满创意的作品的绘图 AI……这些东西里,都藏着人工智能的"魔法"。这本书会向你展示无数关于人工智能的奇妙的故事和秘密,而我们需要做的有两件事:

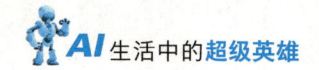

> 第一，大胆去拥抱它，和它交朋友；
>
> 第二，用 AI 赋予我们的新思维和逻辑，重新认识这个多彩的世界。

随着人工智能的加入，这个世界的"规则"正在悄悄发生变化。作为新一代的少年，我们既是见证者，也是改变者。你不仅需要接受这个即将被 AI 改变的世界，更需要学会运用 AI 的力量，让自己和这个世界变得更好！

1956 年，AI 的起点

很久很久以前，人们就开始幻想能不能创造一种可以跟人类一样思考的机器。1956 年的一个夏天，一群科学家在美国的达特茅斯学院召开了一场特殊会议，他们第一次提出了关于人工智能的想法。这所学院位于一个宁静的小镇，那里树影婆娑，阳光照在每个人身上，暖洋洋的。会议的发起

约翰·麦卡锡

人叫约翰·麦卡锡,是一个年轻的科学家,他第一次提出如此大胆的问题——既然人类有智慧,为什么机器不可以有智慧呢?接着还提出"人工智能"这个名词。会议上,大家探讨着这个概念,希望未来的机器可以像人一样思考,比如会玩游戏、可以解决问题,甚至可以用语言交流。

你们知道1956年的科学家用的电脑有多大吗?比你们家房子还要大。但是就是从那个夏天起,一切都开始改变了。

1966年,聊天机器人的诞生

10年之后,世界上第一个聊天机器人伊丽莎(Eliza)诞生了,它的名字听起来像一个朋友,而它的目标只有一个——成为人们的谈话伙伴。

那年,麻省理工学院的一名教授约瑟夫·维森鲍姆,闲来无事思考:如果机器人和人聊天的状态能够让人觉得是在跟朋友聊天,那是不是变成了人工智能?约瑟夫在发明这台机器的时候,看完了一本小说《窈窕淑女》,这本书里的主人公叫伊丽莎,他太喜欢这个人物了,于是给它起名叫"伊丽莎"。

就这样,伊丽莎成为第一个能够和人交流的程序,它虽

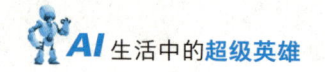

然很简单，但人们第一次感受到了机器可以听懂自己讲话。伊丽莎并不能真正理解你说在什么，它只是根据偏好规则重复你的话或者换个形式表达，更像一个玩文字游戏的大师。但是正是伊丽莎让人看到了聊天机器人的可能性，语音助手Siri、小爱同学、小度等都是从伊丽莎的原理一步一步发展到今天的。那伊丽莎又是受什么启发的呢？这里一定要提到一个人，就是图灵。有一部电影叫《模仿游戏》，各位小朋友可以跟爸爸妈妈一起去看看，在电影里你会了解到图灵测试是什么。图灵测试是英国数学家艾伦·麦席森·图灵在1950年提出的，他认为：

> 当一台智能机器和人对话的时候，人类分不清对面是人还是机器，那么这个机器就通过了图灵测试。

你看，几乎每一个环节都是科学家在进行接力跑，他们一个人拿起另外一个人的接力棒往前冲，可能这个科学家在自己一生中只研究了某一个环节，但他不知道的是，他研究的专利在未来的很长一段时间都会是后来者继续往前冲的动力。

小朋友们，只有持续学习，每天都往前冲，才能让后来者接过你的接力棒,继续往前走。

4 1997年,深蓝战胜人类传奇

时间来到1997年,在人工智能经历了漫长的发展寒冬期之后,一台叫"深蓝(DeepBlue)"的电脑成了明星,它和国际象棋世界冠军加里·卡斯帕罗夫对战,第一次创造了AI打败人类顶级棋手的纪录。

你知道吗?深蓝能在几秒钟之内计算出几百万种下棋的方法,比人脑快无数倍。

别忘了,当年的卡斯帕罗夫可是大师级别的选手,被称为国际象棋界的传奇。在赛场上,卡斯帕罗夫一开始还保持着优势,但最后一局,深蓝的精准计算和无懈可击的策略,让它最

人机对弈

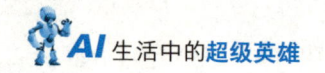

终成为胜者。这也是历史上第一次，AI 在智力竞技领域打败了人类顶级高手。

2011 年，AI 迈向语言理解的巅峰

时间来到 2011 年，美国有一个非常火的电视问答节目叫《危险边缘》。这档节目有点像我们国家的《一站到底》节目，参赛者需要了解科学、文学、历史、文化等各个领域的知识。这些题目有时出得非常复杂，有些还带着双关性和谜题的感觉。在众多的选手里，有一个特殊选手叫"沃森"，这台超级电脑是 2011 年 IBM 公司推出的首个 AI 明星，它的任务是挑战所有人类顶级选手，包括当时的两位节目冠军。

在比赛里，沃森用它超快的速度和强大的知识库碾压了两位人类选手，它几乎秒答所有问题。有时候主持人刚读完问题，沃森就抢答正确，最终沃森以压倒性的优势赢得了比赛。这不仅是一场胜利，更是 AI 在自然语言理解领域的重大突破。各位小朋友想想，如果你也参加这类比赛，AI 是你的对手，你会怎么打败它呢？如果我是你，我会做一件事儿，那就是关掉它的电源或者直接拔掉它的插头！

2016年，AlphaGo 与"神之一手"

2016年，一个叫"AlphaGo"的 AI 明星出现了，各路媒体竞相热议。它可是人工智能界的大突破！AlphaGo 是谷歌的"DeepMind"团队研发的，它的任务就是学会一项超级难的游戏——围棋。

围棋是一种非常古老的棋类游戏，比象棋复杂得多！棋盘上有 361 个交叉点，棋局的组合多得超乎想象！这意味着在围棋中，人类和机器都很难找到"最优解"。当你试着在棋盘上随意摆上三枚棋子，就会发现有无数种摆法，所以你几乎不可能预测对手的下一步棋会是什么。

当时有一位围棋顶尖高手叫李世石，他可是世界级的冠军！他的棋路既大胆又充满创意，被认为是人类围棋的巅峰高手。但 AlphaGo 的学棋逻辑和人类完全不一样，它是通过"深度学习"来模仿人类的思维方式。

可以这样理解，AlphaGo 就像一个永远不会累的学生。如果考试没考好，它不会气馁，而是努力复习，不断提升自己。比如当你睡觉时，它可能已经和自己下了 100 万盘棋了，学到了更多厉害的招数。它还会研究无数围棋高手的棋局，每一次练习都能让自己变得更聪明、更强大！

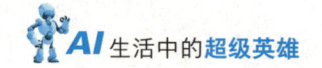

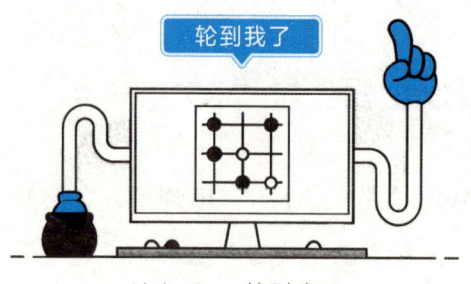

AlphaGo：轮到我了

2016年，AlphaGo和李世石展开了一场超级精彩的比赛！这可是人类和AI的一次正面对抗，全世界有几百万人通过直播在观看，气氛紧张又激动人心。

比赛中，AlphaGo表现得异常强大，前面三局都赢了。在第四局中，李世石走了一步特别厉害的棋——被称为"神之一手"，打破了AI的进攻。这一步棋非常大胆，不像李世石平时的风格，连AlphaGo都愣住了，不知如何应对。这一局李世石赢了，被认为是人类最后的"逆风翻盘"，是人类智慧的伟大瞬间。只可惜，AlphaGo最后以4∶1赢得了整场比赛，而李世石的这一步棋也让我们明白了人工智能最后的含义——

> 它能替换一切重复的东西，而人类必须要有"神之一手"这样的创新力，这种创新力就是从0到1的创新。

人机对弈的比赛告诉我们，在未来的AI时代，不管AI多聪明，只有打破常规、拥有从 0 到 1 的创造力，才是人类最大的优势！

7 2018 年，AI 杀入艺术圈

2018 年，AI 进入艺术领域，开始拥有新的身份：画家、作家、作曲家、诗人……这一年，一幅由 AI 生成的名为《埃德蒙·贝拉米肖像》的画作，以 43.2 万美元的高价在拍卖会上售出。这幅画作由一个名为"生成对抗网络（GAN）"的 AI 系统创作。你能想象吗？这幅画的签名不是一个画家的名字，而是一串数学公式。

2020 年，AI 的诗歌创作变得更加自然，它不仅可以押韵，还能捕捉情感和意境。AI 音乐创作工具也进入普通人的生活。像"Suno"这样的工具，你只需要敲打几下键盘，描述你的需求，它就可以根据你的心情生成适合的音乐。

> 虽然 AI 确实在用它独特的方式进入艺术世界，但真正的艺术魅力永远来自人类的情感和灵感。未来，AI 不会替代艺术家，而是会成为你很好的创作伙伴。

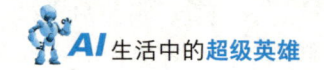

2023 年，通用人工智能的元年

时间终于来到了 2023 年，我愿称之为"通用式人工智能元年"。这一年，AI 对话助手实现技术突破，AI 已经不再是一个冰冷的计算工具，而是像你的同学一样，能和人交流，能解决实际问题。无论是在日常生活、学习还是工作中，它都开始扮演重要的角色。最引人注目的是像 ChatGPT 这样的对话式 AI 横空出世，它不仅能回答问题，还能跟你聊得特别自然。因为技术的大幅度提升，AI 对话助手变得比以前更聪明、更易用；它可以更懂人类的语言文字，可以进行更广泛的运用，可以更实现贴近人类的互动。

2023 年，全球范围内使用 AI 对话助手的人数破亿，无论是在学校、职场还是在家庭中，人们都开始依赖这种智能工具。

人们在它的帮助下写小说、创作歌词，也有人用它写求婚词、写电影剧本，甚至有人用它设计了一部以自己为主角的电影，这是不是很酷？

为什么此时 AI 变得更聪明了？这涉及两个技术知识。第一，2023 年的 AI 对话助手基于更先进的大规模语言模型，它们的训练数据更多，计算能力更强，能理解上下文，能更自然地和人类交流，就像是一个刚刚学会说话的孩子，变成了知识渊博的学者。第二，多模态的能力加入让 AI 不仅能用文字交流，还能够理解图片、视频，甚至根据图片、视频生成答案。比如你上传一张植物的照片，AI 能告诉你它的名字、养护方法，甚至可以告诉你养在你们家什么地方更合适，它太聪明了！

2023 年之后，AI 像长上了翅膀，每天都有关于它的新闻，每天都能看到不一样的 AI 世界。我会定期把我看到的新的 AI 产品分享给身边的朋友，但我发现根本没有办法及时跟上这波浪潮，因为信息和素材更新得太快了。

未来，AI 会有更加个性化和情感化的功能，会结合每个人不同的兴趣、性格和需求提供定制化的服务，它将会被运用在教育、医疗、科学、艺术、娱乐等领域中。

未来，AI 和人类会结合得越来越紧密，它就是我们的超级英雄。

AI 生活中的*超级英雄*

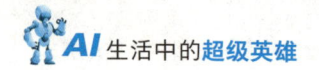

> **任务卡**　AI 帮手在哪里？

小朋友们，如果你喜欢看关于"超级英雄"的电影，一定会对那些穿着披风、戴着盔甲的帅气形象印象深刻。但其实，在我们的生活中，很多"无声的英雄"已经悄悄登场啦！这些 AI 小助手可能没有帅气的外表，但它们正在用自己的方式帮助我们：

◎ 爸爸妈妈手机里的语音助手，可以帮忙拨打电话、放音乐；
◎ 扫地机器人每天在地板上兢兢业业地工作；
◎ 学习英语时用到的智能翻译机……

现在，轮到你数一数你家里有哪些 AI 帮手啦，接着给你最喜欢的 AI 工具取一个有趣的名字，把它想象成你的朋友。然后问问自己，如果你能发明一款 AI，你希望它帮助你解决什么问题？

第二节
AI 是怎么学习的

你肯定会很好奇——为什么 AI 这么聪明，而且它每天都比前一天聪明，它做对了什么？它是如何成为这么厉害的学习高手的呢？

这一节，我来跟你分享一下它到底是怎么学习的。

1. AI 小宝宝的成长经历

AI 跟人类一样，刚"出生"的时候都是个小宝宝，什么都不懂，所以它需要慢慢学习，才能越来越厉害。假设 AI 宝宝在刚被造出来的时候，第一堂课是学会分辨猫和狗。研究人员会给它看一大堆照片，照片上仔细标注了"这是猫""这是狗"，就像老师拿出卡片教你——苹果是红色的，橘子是橙色的。

这背后的逻辑就是机器学习的核心原理，涉及数据处理、特征提取、模型训练和预测。听起来很枯燥，让我用简单的

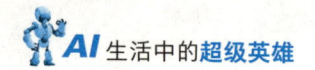

语言分成几个步骤跟大家分享一下。

AI 的学习主要分为三步：

第一步：观察

老师（也就是人类）会先给 AI 宝宝看很多关于猫和狗的照片——这是猫，有尖尖的耳朵和长胡须；这是狗，有垂下来的耳朵，嘴巴突出来。AI 宝宝通过它的大脑（也叫卷积神经网络），一层一层地看图片，当它的图片看得足够多时，就会将图片进行分层解读。第一层，它发现了图片里的简单线条，比方说耳朵的形状。第二层，它识别了更复杂的特征，比方说猫的胡须跟狗的嘴巴。最后一层，它会把这些组合总结起来，就像是在拼图，把每一个细节拼成一幅完整的画。

狗 VS 猫

第一步只是观察，它不会做任何的判断。

第二步：总结规律

AI宝宝开始思考：猫的耳朵尖尖的，胡须长长的；狗呢，耳朵更长，边缘是圆的，嘴型更长更突出。于是它在脑海里建立了一个猫和狗的标准，这个标准不一定对，但随着"喂"给它的数据越来越多，这个标准会越来越精确。因为AI宝宝的大脑里有一个算法，会像数学公式一样帮它总结规律（算法会在下一节详细讲）。每当它预判正确，算法会给它一个奖励；每当它预判错误，算法就会惩罚它，告诉它该如何改进。其实你们家的小动物和你在成长的经历中也是这样，如果做对了一个事儿得到奖励就会继续做，做错了什么事儿被惩罚后就不做了，这个过程叫反向传播。

第三步：判断

判断就是AI宝宝的考试。老师会给AI宝宝一个新的考试题目，比方说一张新的动物照片，让它判断照片里是猫还是狗。由于之前经历了大量的训练，AI宝宝回忆起之前学到的规律，看到了胡须和耳朵的特征，就能快速作出判断。但AI宝宝并不是百分之百确定，它主要是猜出有90%的可能性是猫，有10%的可能性是狗，然后选择概率最大的答案"猫"。这一过程就是AI用学到的知识对新问题做出的判断。

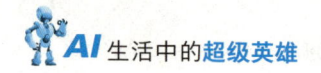

所以 AI 学习主要分为三步：

> 第一步观察，第二步学会总结规律，第三步判断新问题。

其实，AI 学习的方式跟我们人类有很多相似的地方！

想一想，你是怎么学会一件事情的呢？是不是先观察别人是怎么做的，然后慢慢总结出规律，最后通过练习把这件事学会、做好。AI 也是这样，只不过它观察的方式和我们不太一样。

我们用感官去感受这个世界，比如用眼睛看、用耳朵听、用舌头品尝。而 AI 则用"摄像头"和"传感器"代替我们的眼睛和耳朵，去"看"图片和视频，或者"听"声音数据。我们的感官就像 AI 的"探头"，所以你要珍惜每一次看到的美丽风景、听到的动人声音和尝到的美味佳肴，因为这些感受都在帮助你学习和成长！

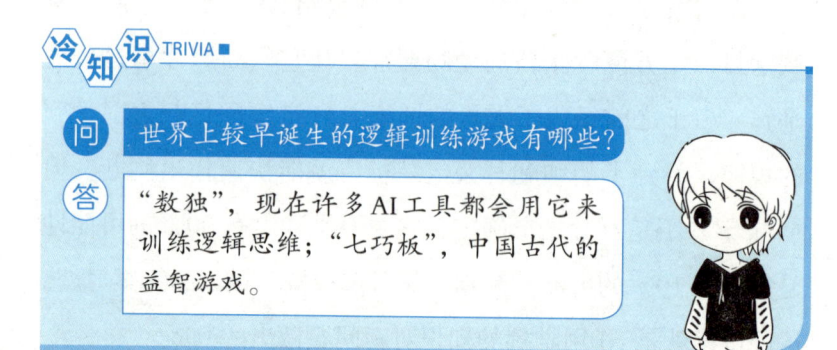

冷知识 TRIVIA

问 世界上较早诞生的逻辑训练游戏有哪些？

答 "数独"，现在许多 AI 工具都会用它来训练逻辑思维；"七巧板"，中国古代的益智游戏。

2 AI学习跟人学习一样吗

那 AI 和人类的学习过程有什么不同点呢？

第一，AI 的学习速度比我们快得多。

AI 就像一个超级快的"记忆机器"，一秒钟可以看上百万张图片，还能把每一张都记住！这也是因为它的学习需要很多的数据，比如它要看上万张小猫的图片才能准确认出小猫。再比如，你可能早就忘了小时候学的第一个英文单词，但 AI 不会忘记，它的记忆力就像超级电脑里的记事本，只要数据还在，它就随时能"翻出来"，而我们人类的记忆更像一本手写的笔记本，需要时不时翻一翻、复习一下，才能记得更牢。

> 虽然 AI 的记忆速度更快，但它只能记住"数字和数据"，而我们能记住更多有温度、有感情的东西，比如家人的笑脸或者最喜欢的生日礼物。

第二，人类的学习更灵活。

虽然 AI 的学习速度很快，但它需要科学家帮它设定一个

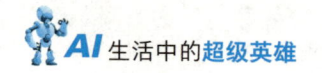

特别的"学习目标",学那些被"安排好"的任务,比如分辨猫和狗、下围棋。而我们人类可以同时学很多不同的东西,比如一边学画画,一边利用数学去设计一个游戏。我们可以跨越不同的领域,把很多知识串联起来用。

这就是人类比 AI 更厉害的地方——

> 我们可以靠想象力和创造力解决问题,而 AI 只能靠已有的数据去总结过去。AI 更擅长做好一种单一的任务,而我们人类能把各方面的知识融合在一起,为未来创造新的可能。

第三,学习的方式不同。

AI 学习知识完全依赖于数据。科学家会把图片、视频等信息输入 AI 的"大脑",让它通过这些数据学会新东西。但如果这些数据不完整或者是错的,AI 输出的知识和做出的判断也会出错。

而我们人类的学习方式就不一样了!我们除了汲取外界的信息,还能靠自己的反思和感悟去判断对错。比如,如果有人告诉你"欺负同学是对的",但你想到被欺负的同学伤心的眼神,就会明白这件事是不对的。人类有自己的判断力,可以通过实践和感受来学习。

所以再说一遍,你的情感和判断力在未来是非常重要的,它会帮助你做出正确的决定,而这些是 AI 学不会的哦!

> 第四,情感和经验的差异。

AI 没有真正的情感,它的"情感"是根据数据和算法伪造出来的,无法感受到悲伤、快乐,也不能真正理解人类的感受。

但我们人类就不同了!当你看到一个有趣的故事时,会觉得开心,也记得更牢;遇到一些特别难忘的事情,你可能一辈子都不会忘记。这就是为什么体验和感受在学习中非常重要!

> 死记硬背的知识、能查到的答案,都不如你通过体验和感悟学到的东西,那些会让你的生活更丰富、更有温度。

总而言之,AI 的学习源于数据,而人类的学习源于好奇心;AI 可以无限次地练习,但人类的一次灵感就可以改变历史;这就是人类学习和 AI 学习最不一样的地方。AI 就是一部冷冰冰的机器,而人类的学习过程更像一个温暖的故事,每个故事都有情感、有意义。

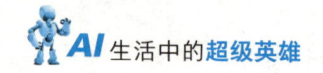

> 人类教会 AI 知识，而人类从 AI 中看到了更大的可能，未来最强大的不是 AI 单独发展，而是 AI 和人类合作共同解决问题，而未来的 AI 科技也不在于取代人类，而在于增强人类的潜能。

最后，让我们通过一张表格，总结一下 AI 的大脑和人类大脑的不同吧！

对比项	AI 的大脑	人类的大脑
学习方式	完全依赖于数据，数据不完整或错误时会影响结果。	能通过反思、感悟和实践，自主学习和纠错。
灵活性	只能完成特定任务，需提前设定目标和算法。	学习没有固定限制，可将不同的知识融会贯通，创造新的目标和方向。
情感和经验	"情感"来源于算法和数据的伪装。	有真实的情感记忆和深刻体验。
面对错误	只能根据已有数据调整算法，不能反思或自我感悟。	能从错误中反思，并通过经验总结出更好的方法。
记忆	记忆速度快，不会遗忘，只要数据存在就可以随时调用。	记忆速度较慢，容易遗忘，但能通过复习和情感联系加深记忆。
学习的温度	冰冷的数据计算，缺少温度和感悟。	通过情感、故事和实践来学习，融入爱与体验。

第一章 解锁超级英雄的秘密——从零到小专家

> **任务卡** 谁更有创造力,人类还是 AI?
>
> 假设有一种新动物,它既像猫又像狗,请你用尽可能多的形容词来描绘它,最好能把它画下来,看一看这个新动物长什么样。
>
> 接下来,把刚才说的这个任务交给 ChatGPT,看看它能想象得多具体。然后询问另一个 AI 工具 DeepSeek:你觉得 ChatGPT 的答案怎么样?我和它的想法,哪个更具有创造力?

3 AI 能学"多种本领",那人类该学什么?

你知道吗?像自动字幕的生成、汽车的自动驾驶功能,其实需要的不仅是文字,更多的是画面、语音的分析,即视觉数据和听觉数据。随着互联网技术的普及,AI 正在变得更加全方位,它可以通过"多模态学习",同时用"眼睛""耳朵"和"脑袋"一起工作,不仅能看图片、读文字、听声音、分析视频,甚至还能把这些信息组合起来完成任务,比如识别植物、生成字幕、辅助自动驾驶等。

25

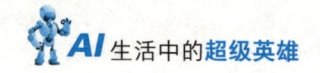

AI学得这么快、这么聪明，那我们人类该学什么呢？

其实，AI越聪明，我们越要学会发挥自己的独特本领，让自己在AI时代变得更有价值。

> 第一，学会使用AI工具。

AI是我们最好的助手！它能帮你写作、绘画、解题，还能通过大规模数据快速找到答案。学会使用DeepSeek、ChatGPT等工具，可以让你事半功倍。把重复、枯燥的任务交给AI，人类就可以有更多时间去思考和创新。记住，AI是工具，而你是它的主人。

> 第二，专注人类独有的创造力。

AI擅长模仿，但它不会创新。比如AI能画出漂亮的画，却想象不出从未存在过的艺术风格。我们人类的想象力才是真正无穷无尽的！从现在开始，培养自己的创造力吧，尝试设计一个新游戏，或者发明一种全新的学习方法。你的创造力，就是未来世界的超级能力！

> 第三，发展共情力。

AI没有情感，它的"关怀"都是计算出来的。但我们人类可以感受别人的情绪、安慰伤心的朋友、和家人分享喜悦。

这些情感交流，AI 永远无法取代。你可以学习心理学、沟通技巧，去更好地了解自己和他人。在未来，懂得关心和理解别人，会让你成为一个更有力量的人。

> 第四，培养系统性思维。

AI 通常专注于一个任务，比如下围棋或识别图片。但我们人类可以把不同的知识结合起来，看得更远，想得更全面。比如，你可以把数学知识和美术结合，用几何画一幅画；也可以用历史知识解释科学发展的过程。学会从多个角度思考问题，才能真正做到融会贯通。

> 未来的超级英雄不只是 AI，更是会用 AI 的你！

第三节
AI 到底是什么

1 人工智能的基本概念

小明的新老师

小明正在家里写作业,突然有一道数学题怎么思考都不会。"妈妈,帮我看看这道题吧!"他喊道。

妈妈走过来,笑着说:"小明,这次试着问问你的新老师吧!"

"新老师?谁呀?"小明一脸疑惑。

妈妈打开手机上的一个 AI 助手,说:"就是这个呀!它叫 AI,英文全称是'Artificial Intelligence',翻译成中文就是'人工智能',它可是个超级大脑哦!"

"超级大脑?那它能做什么呢?"小明睁大眼睛,充满好奇。

妈妈打开了 AI 助手:"它就像一台永远不会累的超级机器,

能帮我们完成各种任务。你看，它能帮你找到最快回家的路，能回答你的问题，还能像个小老师一样辅导你的作业。"

小明把题目传到手机上，试着对 AI 助手说："帮我解这道题吧！"几秒钟后，屏幕上就出现了解题的步骤。

"哇，太厉害了！"小明兴奋地说，"那它还能做别的事情吗？"

"当然啦！AI 还能和你下棋，给你讲故事，甚至帮科学家解决复杂的问题。"妈妈笑着说，"它就像一个生活和学习中的万能小帮手。"

"那我以后有问题就先问它？"小明好奇地问。

"没错！"妈妈点头，"AI 这个超级大脑会陪伴你很长时间，你要学会用它，才能让它更好地帮助你！不过你也要记住，AI 是工具，你的智慧和创造才是最重要的。"

数据：AI 的"食物"

AI 宠物"学艺记"·小智的美味大餐

"叮！"屏幕上一只圆滚滚、毛茸茸的小宠物出现了，还冲着小明摇了摇尾巴，笑得特别可爱。

AI 生活中的超级英雄

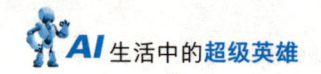

"哇！太萌了！"小明开心地给它取名"小智"，"小智会做什么呢？"

爸爸微笑着说："小智可是个很特别的 AI 宠物，它会像人一样学习！只要你教它怎么做，它就会变得越来越聪明。"

"真的啊？"小明好奇地歪着头问，"那它是怎么学会这些的呀？"

"好问题！"爸爸打开 AI 学习模式的界面，耐心地说，"小智的学习过程其实跟你在学校很像，有三个重要步骤——数据、算法和训练。我会慢慢告诉你这些都是什么。"

一天，小明在给他的 AI 宠物"小智"添加新任务。小智摇着尾巴说："小明，我今天好饿呀！"

小明一愣："可是你又不能吃饭？"

小智笑眯眯地回答："我是 AI，我的食物是数据！你喂我越多的数据，我就能学得越快，变得越聪明！"

"哦！那数据是什么呢？"小明好奇地问。

小智举了个例子："如果你想让我学会数学，你就可以把一些数学公式、例题，甚至解题的视频'喂'给我，这些都是我最喜欢的'大餐'！"

小明点点头："所以，我学新知识要看课本，你学新东西要看数据，对吗？"

"没错！"小智开心地说，"数据对我来说，就像食物对你的身体一样，都是必需品。只要你喂我足够多的数据，我就能快速消化，把有用的知识学到脑子里。"

"那如果不给你足够的数据呢？"小明问。

"如果没有足够的数据，或者数据是错的，我学到的东西可能也会出错。"小智眨了眨眼说，"所以你一定要给我'健康''正确'的食物哦！"

算法：AI 的"大脑"

AI 宠物"学艺记"·小智的大脑怎么想事情

一天，小明好奇地问他的 AI 宠物小智："小智，你吃了那么多数据之后，是怎么用这些数据解决问题的呢？"

小智歪着头，笑着说："我的秘密武器就是'算法'！它能帮我把数据变成有用的答案。"

小明不解地问："算法是什么呀？"

小智想了想，举了个例子："你早上刷牙的时候，是不是会按照固定的步骤来做？比如，拿牙刷、挤牙膏、刷牙、漱口，每一步都有顺序。这其实就是一个简单的'算法'——你用来完成刷牙这个任务的方法。"

"原来算法就是解决问题的方法呀!"小明恍然大悟。

"对!"小智继续解释,"但我的算法更厉害,它就像一个超级好用的工具箱,可以帮我从大量的数据中找到最优的答案。比如,当你打开电视机想看电影,我会根据你的观看记录推荐你最喜欢的电影;当你想知道从家到学校的最快路线,我也可以用算法帮你规划出来。"

"那你是怎么知道最快路线的呢?"小明问。

"很简单啊!"小智得意地说,"只要你告诉我你家和学校的地址,我就能用算法计算出最快的路线。随着你每天上下学的数据上传到云端,我的大脑会越来越聪明,还能帮你判断几点出门交通最顺畅。"

小明点点头:"算法就是你用来思考和学习的大脑,对吧?"

"没错!算法是我学习的核心。没有算法,我就不能从数据中提取有用的信息。"小智补充道。

> 设计算法的科学家被称为"算法人才",他们是让 AI 变聪明的关键人物。我们国家有很多这样的算法专家,全世界的 AI 科学家里大部分都是研究算法的人。

小实验·AI"猜水果"

为了更形象地说明算法的作用，爸爸用 AI 工具给小明演示了一个"猜水果"的小游戏。爸爸先展示了一组水果图片：苹果、香蕉、橙子，并对 AI 输入了几条规则（算法）：

◎ 如果颜色是红色，形状是圆的，可能是苹果；
◎ 如果颜色是黄色，形状是弯的，可能是香蕉；
◎ 如果颜色是橙色，表面有点粗糙，可能是橙子。

接着，爸爸上传了几张新水果的图片，AI 快速分析了它们的颜色、形状和大小。几秒钟后，AI 准确地判断出了每张图片中的水果。

小明兴奋地说："它真的很聪明！这么快就猜出来了。"

爸爸补充道："你知道吗？在过去，这种分类工作需要人工完成，比如科学家会用一张张图片去标记一些实验结果，非常耗时耗力。而现在，AI 几秒钟就能完成这些任务，还能反复优化，几乎不会出错。"

小明感叹道："原来算法的魔法这么强大！如果没有它，AI 就没办法这么快地'思考'。我以后想成为算法工程师！"

"是的啊，现在全世界都缺算法工程师。或许未来你也能成为设计算法的科学家，为 AI 的大脑注入更多智慧。要加油哦！"

AI 生活中的超级英雄

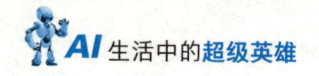

沉思角 THINKING

什么是算法：算法是一套规则，就像是"游戏攻略"。

思考：如果没有攻略，AI 能自己玩游戏吗？

AI 和人类的区别：人类会"思考"和"创造"；AI 只能根据已有的数据模仿，然后自我学习。

思考：如果 AI 也能根据自有的数据开始创造了，它会超过人类吗？

4 机器学习和强化学习：AI 的"训练课堂"

AI 宠物"学艺记"·小智的升级冒险

一天，小明问他的 AI 宠物小智："小智，你有了数据和算法，就会直接变得这么聪明，也太有天赋了吧！"

小智摇了摇尾巴，说："当然不是天赋啦！我的聪明都是训练出来的，机器学习就是我的'训练课堂'，也是我的'升级打怪营'。通过大量的练习和反馈，我才能找到解决问题的方法。"

小明兴奋地问："哇，那你的训练过程是不是很有趣？"

"当然啦！"小智开始讲它的训练过程，"比如，你给我100张图片让我进行分辨，里面有苹果、橙子、梨，在我回答完之后，你再告诉我哪些图片我分辨对了。"

"那你会不会做错呀？"小明好奇地问。

"会的！"小智点点头，"但是我不怕错，每次做错了，'老师'（科学家）会告诉我正确答案，然后我会调整我的公式，下一次就不会再错了。我一边训练一边学习，几轮下来，准确性就提升了。"

"这不就像我写练习题吗？"小明想了想，"错了就改，对了就接着学，对吗？"

"没错！AI的训练过程就是不断试错，不断改正。就像你练习骑自行车，一开始可能会摔倒，但随着一次次练习，你慢慢掌握了技巧，最后就骑得很顺溜。我每学会一项技能，就相当于打败了一只'小怪兽'，变得更强大了！"小智得意地说，"这还涉及我的另一种学习方式——强化学习，这是我的一种'奖励游戏'。"

"奖励游戏？听起来很有趣！"小明兴奋地说。

"举个例子，AlphaGo是一个AI棋手，它一开始连基本规则都不懂，但它会不停地和自己下棋。每赢得一局就加一分，输掉一局就扣一分。它会根据输赢调整策略，经过数百万次的对弈之后，才掌握了击败李世石的方法。"小智说，"强

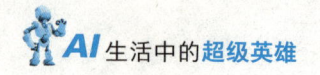

化学习的秘诀就是这样：每次失败都不怕，调整策略，再继续努力，直到成功！"

"所以你可以看到，我可以在短时间内做大量的训练，而人类可能需要花很久的时间，还容易感到沮丧呢。"

"怪不得！"小明感叹，"那机器人学走路是不是也要通过强化学习？"小明问道。

"对呀！"小智点点头，"每次机器人摔倒，它都会记录错误的动作；每次站稳，它都会得到'奖励'。一次次试错后，机器人就学会了走路。你现在看到的那些会跑、会跳的机器人，都是靠强化学习一步步练成的呢！"

"那机器学习和强化学习还能帮你学会别的本领吗？"小明继续追问。

"当然啦！"小智骄傲地说，"只要我有足够的数据和时间，就能打败越来越多的'小怪兽'，变成各个领域的超级高手！对于成长中的你也一样，失败并不可怕，坚持练习、不断调整方法，就能越来越优秀！"

> **总结**
>
> AI 的学习过程其实和人类上学差不多，分为三个重要步骤：
>
> 1. **数据是"食物"**：AI 通过大量数据获取知识，就像你看书学习。
>
> 2. **算法是"大脑"**：算法帮助 AI 分析数据，找出规律，就像你用公式解题。
>
> 3. **机器学习和强化学习是"训练课堂"**：通过不断练习和调整，AI 能学会新技能，变得更聪明。

5 神经网络：AI 的大脑"蜘蛛网"

AI 宠物"学艺记"·小智的超级蜘蛛网

小明好奇地问小智："小智，你的大脑是怎么工作的呀？怎么感觉你比我聪明？"

小智摇摇尾巴说："哈哈，我才没你聪明呢！不过我的大脑是通过'神经网络'工作的，和你们人类的大脑有点像。它就像一张超级复杂的蜘蛛网！"

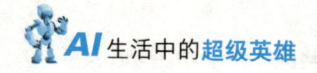

"蜘蛛网？"小明睁大了眼睛。

小智耐心地解释："人的大脑里有亿万个神经元，这些神经元通过突触连接在一起，组成了一个超级复杂的网络。每个神经元都有自己的任务，比如有的负责看东西，有的负责听声音，有的负责记忆。"

"哦，那你的神经网络又是怎么工作的呢？"小明好奇地问。

"我的神经网络也如此！"小智继续说，"但它是由很多'节点'组成的。比如，当我看到一张苹果的图片时，第一个节点会判断颜色是不是红的，第二个节点会看形状是不是圆的，第三个节点最终会告诉我'这是一个苹果'。"

"原来你的大脑是分工合作的！"小明惊讶地说。

"没错！不过我的神经网络和你们人类的大脑还是有些不同。"小智解释，"人类的大脑能同时处理很多事情，比如你可以一边听音乐一边走路；而我的神经网络只能专注于一件事，比如当我学习识别猫的时候，就没办法同时学下围棋。"

"那相比之下，你的优点是什么呢？"小明问。

"我的强项是速度快、专注，而且不会累！"小智自豪地说，"但我没有情感，也没有想象力，所以你的大脑才是最特别的。"

深度学习：AI 的"爬楼梯冒险"

AI 宠物"学艺记"·小智的爬楼梯挑战

一天，小明看着小智，问："你学的东西越来越复杂了，远超过我了，是怎么做到的呀？"

小智眨了眨眼，说："那是因为我可以'深度学习'，就像爬楼梯，每爬一层楼学会一个新技能，爬到最高时就能看到全景啦！"

"爬楼梯？有点难以理解。"小明一头雾水。

小智开始解释：

"比如，我想学会分辨一段视频中哪些人是笑的，哪些人是哭的。这可不是简单的任务哦！第一层楼，我先学会识别脸上的颜色和轮廓；第二层楼，我学会看表情的形状；第三层楼，我开始分辨笑和哭的细微区别。等我爬到最后一层，我就能知道这个人是在高兴还是难过了！"

"哦，我懂了！你每爬一层楼，就学到一点新东西，对吧？""对！这就是深度学习的原理。我的'楼梯'是由很多层前面所说的神经网络组成的，每一层负责处理一部分数据，从简单到复杂，最后所有层一起合作，得出答案。"小智得意地说。

"可是，我的大脑好像不需要爬楼梯啊！"小明挠了挠头。

"没错，这就是你们人类厉害的地方！"小智说，"人类的大脑天生就能感受到全景，能快速理解复杂的问题。"

> **总结 深度学习的三大关键点**
>
> 深度学习是AI模仿人类大脑思考的方式，靠神经网络一步步处理信息，有三大关键点：
>
> 1. 神经网络是基础：就像人脑的神经元一样，神经网络负责接收、分析和传递信息，是AI学习的根本。
>
> 2. 层层分析更精准：每一层神经网络负责处理数据的一部分，从简单的颜色、形状到复杂的细节特征，逐步提取有用信息。
>
> 3. 合作得出答案：所有神经元一起工作，最终完成任务。

7 模型：AI 的大脑"橡皮泥"

AI 宠物"学艺记"·小智的百变橡皮泥

"小智，听爸爸说，你的大脑里有一个'模型'，就像一块神奇的橡皮泥，可以被捏成不同的形状，解决各种不同的问题。那是什么东西？"小明好奇地问。

小智耐心地解释："模型就是 AI 的大脑框架。比如，你想让我学会翻译阿拉伯语，就要用阿拉伯语的音标、词汇、句子和语法来搭建一个框架'训练'我。"

"哦，我懂了！就像捏橡皮泥的时候，可以根据自己的需求捏成猫咪或者汽车的样子，对吗？"小明兴奋地说。

"是的！"小智点点头，"不同的任务需要不同的模型，就像不同的房子需要不同的钢筋结构。比如，一个翻译模型可以翻译语言，一个围棋模型可以下棋，一个画画模型可以让我生成漂亮的画。"

"那模型是怎么工作的？"小明接着问。

小智继续解释：

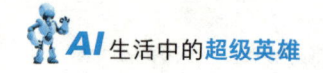

"模型只是房子的框架,框架搭好了之后,还需要用砖、瓦、木材把它填满,这些材料就是数据。只有把数据'填'到模型里,我才能学会你需要的技能。"

"原来模型就像一个'勤奋的学生',还需要数据这本'课本'来辅助!"小明笑着说。

"没错!不过,要捏出一个好的模型,得有足够的耐心。科学家们就像'橡皮泥大师',他们会用数据和算法不断调整、完善我的模型。"小智说道,"我的大脑再聪明,也需要人类的引导和设计,就像勤奋的学生需要好老师一样。未来,你也可以成为设计 AI 模型的'橡皮泥大师'哦!"

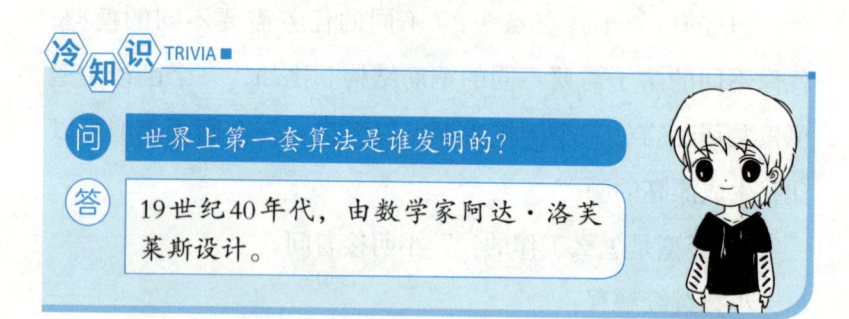

冷知识 TRIVIA

问 世界上第一套算法是谁发明的?

答 19世纪40年代,由数学家阿达·洛芙莱斯设计。

自然语言处理：AI 的"翻译耳朵"

AI 宠物"学艺记"·小智的超级翻译耳朵

小明突发奇想问小智："小智，你是怎么听懂我说的话的？你明明是个机器，怎么会懂人类的语言？"

小智眨了眨眼，笑着说："这就要感谢我的超级'翻译耳朵'——自然语言处理（NLP），它是帮我理解人类语言的秘密武器！"

"翻译耳朵？那是干什么用的？"小明好奇地问。

"它是 AI 用来听懂、分析和回答的方法。"小智耐心地解释，"比如，当你跟我说'你好，小智'，我的'翻译耳朵'会先把你的话转换成我能理解的机器语言，然后再想办法回答你。"

"所以，NLP 就像是在我们说的话和机器语言之间的翻译官，对吧？"小明说。

"完全正确！"小智接着说，"有了 NLP，我才能听懂你说的大白话，比如'今天的天气怎么样'，然后用同样的大白话'今天是晴天哦'来回答你，这样我们之间的沟通就变得无比顺畅。"

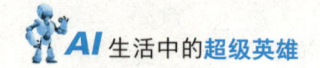

"那以后我们还需要学编程语言吗？"小明问。

"也许不再需要啦！"小智笑着说，"编程语言，比如 C 语言或者 Python，是程序员用来教我做事情的工具。但是有了 NLP，你平时用的中文、英语，甚至家乡话，我都可以理解。未来，你只需要学会清晰地表达自己的想法，就能让我完成任务啦！"

"哇，这也太方便了吧！"小明惊叹，"那 NLP 具体还能干什么呢？"

小智回答："还能帮你写文章、改作文，甚至帮你练习口语发音呢！可以说，这个'翻译耳朵'让 AI 和人类的交流毫无障碍。所以学好中文、英语等人类语言也是你和 AI 沟通的关键哦！"

计算机视觉：AI 的"超级眼镜"

AI 宠物"学艺记"·小智的新眼镜

小智骄傲地对小明说："小明，我刚刚戴上了一副新眼镜，现在我能看见世界啦！"

"哇！AI 还能戴眼镜？"小明瞪大了眼睛，"你能看见

第一章 解锁超级英雄的秘密——从零到小专家

什么?"

小智笑着说:"这副'超级眼镜'叫<u>计算机视觉(CV)</u>,它是我的眼睛,可以让我看清楚图片、视频或现实场景中的内容。比如,我可以在人群中识别出你的脸,分辨出交通信号灯是红灯还是绿灯!"

"太酷了!"小明兴奋地说。

小智继续解释:"这副眼镜还能帮我理解画面中的内容。比如,当我看到一只小狗,它能分析出小狗在跑、跳还是坐着。"

"那你的眼镜和我的眼睛有什么不同呢?"小明好奇地问。

小智回答:

> "你的眼睛可以直接和大脑配合,不仅能看到东西,还能理解它的意义,比如看到夕阳会觉得美,看到妈妈生气会觉得难过。而我看到的只是像素数据,比如颜色、形状、动作。我可以通过分析这些数据并匹配结果,但我看不到这些画面背后的情感。"

"哦,原来是这样!"小明点点头,"那你的眼镜还能用来做什么?"

小智说:"它还能识别夜晚的星星、看清昆虫的微小细节,甚至找到你丢失的玩具!但你想知道妈妈为什么生气或者同

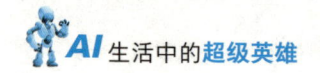

学为什么难过,就只能靠你用自己的眼睛和心去感受了,因为那是我永远学不会的。"

> **任务卡** 用 AI 解决生活问题!
>
> 1. **收集数据:** 用手机拍摄 10 张生活中的物品照片,比如书、杯子、玩具等。
> 2. **分类挑战:** 用 AI 工具将这些照片分类。
> 3. **思考:** 如果 AI 分错了,问题出在哪里?它需要更多的"食物"还是更好的"规则"?

隐私数据:保护数据安全的密码锁

AI 宠物"学艺记"·小智的秘密守护锁

一天,小明突然担忧地问小智:"小智,我平时跟你说了不少关于我的秘密,你会不会把它告诉别人?"

小智立刻摇摇头,说:"不会的!你的秘密就是你的隐私,我的任务就是保护它。隐私数据会被加上一道密码锁,只有你允许,才能打开。"

"密码锁？那是什么东西？"小明好奇地问。

小智耐心地解释：

> "密码锁就是保护你个人信息的规则。比如，你的家庭住址、爸爸妈妈的名字、个人照片、通话记录和聊天信息，这些都是你的'秘密'，没有你的同意，谁都不能查看和使用这些信息。"

"那如果我把这些信息传到网上会怎么样？"小明皱起眉头问。

"这可不安全！"小智严肃地说，"当你把自己的个人信息传到网上，可能会被别人看到甚至利用。比如，有人可能会用你的照片冒充你，或者向你家的地址寄危险的东西。这就是为什么我们一定要保护好自己的数据隐私。"

"那 AI 助手之间会不会偷偷分享我的语音或者照片呢？"小明担心地问。

小智笑着说："未经允许，AI 不会分享你的语音记录和照片。不过最好的办法还是不要随意上传自己的信息。你的相册、聊天内容等都是属于自己的秘密，一定要保护好它们。"

"那我们平时应该怎么做呢？"小明问。

小智认真地回答："记住这几点，永远把安全放在第一位！"

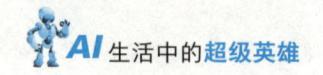

◎ 不要在网上公开家庭住址、父母的名字等私密信息。

◎ 不要随意上传自己的照片、聊天记录等个人信息。

◎ 使用 AI 或注册账号时，进行安全设置，比如开启隐私保护功能。

成为 AI 小专家的你，准备好了吗？

小朋友们，经过这一节的学习，我们一起认识了很多 AI 领域里的专有名词。那些看起来又长又复杂、特别难懂的词，现在是不是一下子就变得清晰明了？ 之后忘记了也没关系，再次翻开这本书看看就行。

在这一章，我们主要了解了 AI 的发展历程、AI 学习方法和它的"超级本领"。现在，你已经是个 AI 小专家了！

AI 并不仅仅是新闻里的明星，它可能就在你的生活中，悄悄地陪伴着你，默默地帮你解决问题。下一章，我想带你去发现 AI 的另一面——无处不在的"隐形超能力"，带你看看它是如何成为你的学习帮手、生活助手和玩伴的。准备好和 AI 一起探索更多奇妙的故事吧！

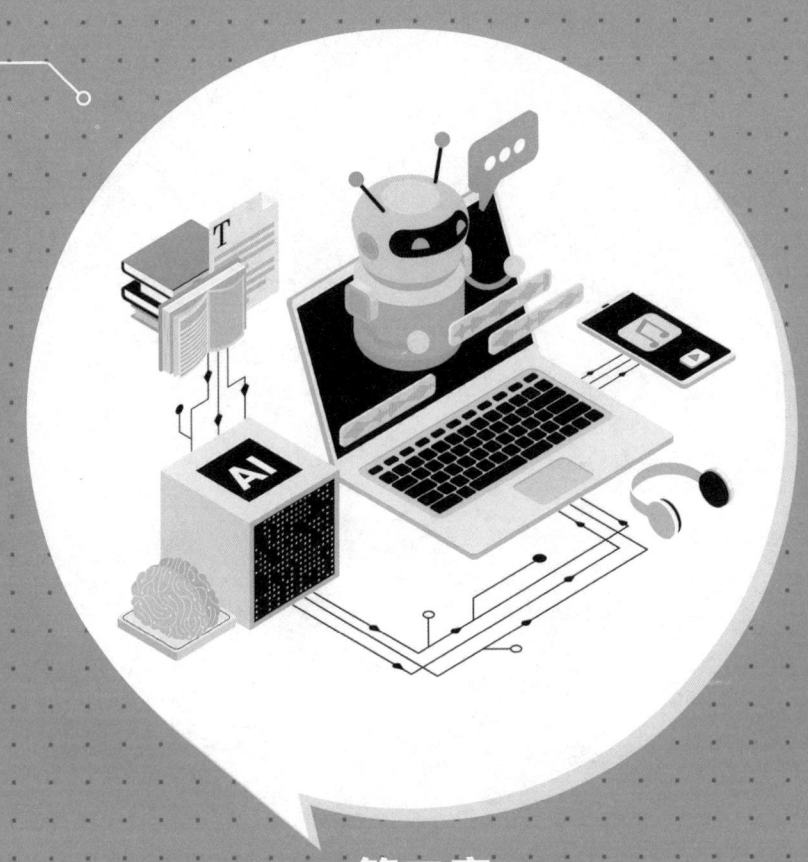

第二章
身边的 AI
——原来它一直陪着你

第一节
AI 在哪里：我身边的小帮手

我想先请大家合上书，闭上眼睛，思考一个有趣的问题：

> 你身边有没有一些东西其实是 AI，却被你习以为常或视而不见？

现在睁开眼睛，环顾一下四周，你看到的那些科技产品中，有没有哪些可能是 AI 在默默运作的？

其实这世界上的每一件东西都不是凭空出现的。比如，这本书的背后，有策划图书的编辑老师、封面设计师、印刷厂的叔叔阿姨，还有正在给你讲故事的我，它经过了许多道程序才来到你的身边，成为你寻常生活的一部分。

AI 也一样，它不是突然冒出来的，而是一步步地发展，悄悄地融入我们的生活中。这就是有趣的地方，真正的好科技，"自然"得像空气一样，我们甚至没有意识到它的存在。

也许未来有一天，大家茶余饭后不会再聊人工智能了，因为它已经深深融入我们的生活中，反而不会令人感到特别，

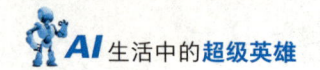

就像用电灯照明、用空调制冷一样自然。而现在，我国在 AI 技术的研发和应用上已经走在世界的前列，这些"习以为常"的背后，是强大的技术力量。

小朋友们，请运用你的观察力，和我一起"侦查"，生活中到底有哪些"隐形 AI"正在每天帮你解决问题，只是你还没有发现它哦！

语音助手：AI 的小帮手

小明的万能朋友

小明在家喊了一声："小智，帮我放一首周杰伦的歌吧！"果然，不到两秒钟，他喜欢的《晴天》就从智能音箱里飘了出来。

"小智，你怎么知道我想听《晴天》呢？"小明好奇地问。

"这就是我的本领呀！我是一位语音助手，可以理解你说的话，还能帮你做事！"小智温柔地回答。

"那你是怎么听懂我说的话的？"小明一边拍着手跟着音乐哼唱，一边问道。

小智笑着说："其实，我的大脑里装了很多人工智能技术，比如我们之前讲过的自然语言处理让我能听懂你说的话，当

第二章 身边的 AI——原来它一直陪着你

你说'帮我放一首周杰伦的歌'时,我会迅速把你的语音转化成机器能理解的指令。"

小智继续耐心地解释:"自然语言处理的厉害之处还在于能分析语法、词义和你的意图,判断你是想听周杰伦的歌,而不是查他的资料。另外,我还用到了一个叫语音识别(ASR)的技术,它会把你说的每个字转成文字内容,比如'小智',我听到后就能立刻反应过来你在叫我。"

"哇,那你说话的声音也是人工智能吗?"小明睁大了眼睛。

"没错!"小智继续说,"这叫语音合成技术(TTS)。比如,它会把我想回答你的文字内容'好的,正在播放周杰伦的《晴天》',转化成像人类一样自然流畅的声音,这样我们就能顺利对话啦!"

"周杰伦的歌那么多,你怎么知道我喜欢听《晴天》这一首呢?"小明问得更认真了。

"嘿嘿,这是因为我还能通过 AI 技术自我学习。"小智笑着说,"当你长时间和我对话时,我会记录下你喜欢听的歌、问过的问题或者设定过的闹钟。我会用这些数据优化我的推荐表,下一次我就能更好地帮你找到你需要的答案。"

"原来你这么聪明啊!"小明惊叹,"那以后你会变成《钢铁侠》里的贾维斯吗?"

"有可能哦!"小智回答,"未来的语音助手会越来越聪明,

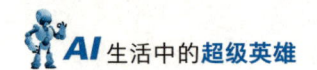

说不定还能帮你解决更多复杂的问题呢！不过，现在我就是你的小帮手，有需要随时叫我吧！"

2 用户画像：AI 的记录本

小明的动画片世界

小明正在网站上看他最喜欢的动画片，突然妈妈叫他去吃饭，他赶紧关掉网页跑了过去。可当他再次打开网站页面时，发现首页上展示的全是他喜欢的动画片！

"奇怪！这个网站是怎么知道我喜欢它们的？"小明自言自语。

这时，小智跳了出来，笑着说："因为这个网站背后，有一个叫'算法'的魔法师在帮你挑选哦！它会收集和分析你在网站上的行为，比如你看了哪些视频，给哪些视频点了赞，停留的时间有多长。然后，AI 就会根据这些数据，创建一个'用户画像'，也就是你个人的大概喜好。"

"'用户画像'是什么意思呢？"小明挠了挠头。

"简单来说，就是 AI 会通过你的行为建立一个属于你个人的喜好记录本，便于在未来给你推荐你喜欢的东西。"小智

第二章 身边的 AI——原来它一直陪着你

继续说,"比如你看了很多猫的视频,给这些视频点了赞,AI 就会判断你是个'喜欢猫的人',于是它会推荐更多可爱的猫咪视频给你。如果你经常看李尚龙老师的视频,它甚至能猜出你是他的'铁粉',下一次就会推更多他的视频给你。"

"哈哈,真的是这样!"小明拍着手大笑,"那一些短视频软件也是这样吗?"

"没错!"小智点点头,"抖音、快手、微信视频号都会通过你的观看习惯来推荐视频。你看得越多,AI 越了解你的兴趣,就会推送更多你喜欢的内容给你。"

"那这些又是怎么做到的呢?"小明又问。

"这还得感谢机器学习和大数据分析,"小智自豪地说,"和我前面说的差不多,AI 会用机器学习的方法,收集你在平台上的行为数据,逐步优化推荐的内容。慢慢地,它好像能读懂你的心,知道你下一秒想看什么似的。"

"可是,它具体是怎么分析数据的呢?"

AI 会收集你的搜索记录和点击行为。你有没有发现,当你在购物网站上看了一款书包,过一会儿,页面上会出现更多类似的款式?又或者你刚搜索了一款耳机,然后你就会看到还有一些性价比更高的产品。其实,这是 AI 在分析你的浏览和购买习惯,然后为你推荐更个性化的产品呢!

"虽然它也有商业目的,比如希望你买更多东西,但它也

55

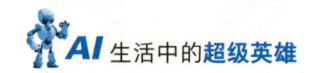

确实让购物变得更方便、更贴心。这也被称作<u>智能推荐系统</u>。"

"哇,听起来太神奇了!那算法会不会知道我所有的秘密?"小明有点担心地问。

"别担心,AI 只分析你的行为数据,并不会窥探你真正的隐私。"小智安慰道,"但你也要保护好自己的隐私数据,别把重要信息上传到网上哦!"

智能设备:家里的 AI 帮手

拥有"智能大脑"的家电

"小明,你有没有发现家里的扫地机器人好聪明?"妈妈一边看着扫地机器人忙碌,一边对小明说。

"对啊,"小明点点头,"它怎么知道哪里有墙?还会绕开桌子,甚至连角落都能扫干净!"

这时,小智跳了出来,说:"嘿嘿,这是因为扫地机器人里面装了 AI 技术,它的'大脑'会分析周围的环境,比如用感应器判断哪里有障碍物,自动转弯绕过去!"

"这么机智啊!"小明感叹道,"那家里的冰箱也有 AI 吗?"

"没错!"小智得意地说,"AI 也是智能冰箱的一部分哦!

第二章 身边的 AI——原来它一直陪着你

比如，它能提醒你'牛奶快过期了，赶紧喝掉'，或者告诉你'冰箱里的鸡蛋破了'。更神奇的是，有些智能冰箱还能根据里面现有的食材给你推荐菜谱呢！"

"真的吗？冰箱会怎样告诉我做什么菜呢？"小明问道。

"比如，冰箱里有鸡蛋、面条和西红柿，它可能会建议你做一碗西红柿鸡蛋面。"小智说，"如果冰箱连接上了你的健康数据，它还能告诉你哪种早餐更适合你的身体状况。"

"哇！那家里的空调和窗帘也是智能的吗？"小明接着问。

"对呀！"小智继续解释，"智能空调可以根据房间的温度自动调整冷气或暖气，智能窗帘就更酷了，当它感受到阳光时，会自动打开，让阳光把你叫醒！"

"这也太方便了吧！以后家里岂不是会有更多 AI 帮我们做事。"小明兴奋地说道。

小智说："未来，AI 会成为每个家庭的得力助手。它不仅能帮你做决定，还能根据你的喜好和需求，提供个性化的建议和选择。"

冷知识 TRIVIA

问：世界上第一款家用扫地机器人叫什么？

答：它叫"Roomba"，诞生于2002年。

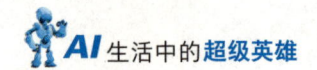

4 翻译工具：AI 的语言魔法棒

小明的世界语言冒险

假期，小明和爸爸一起去机场，他看到很多人拿着奇形怪状的东西，有的是一支笔，有的是一个小圆盘，还有的像对讲机一样。小明好奇地问："爸爸，那些人拿的是什么呀？"

爸爸笑着说："那是翻译器，如果他们不懂别人的语言，这些翻译器可以帮他们把想说的话直接翻译成对方能听懂的语言。"

"这么方便的吗？"小明眼睛都亮了。

爸爸说："这可是 AI 的功劳哦！翻译工具里用了很多人工智能技术，它除了支持语音输入、文字输入，还能支持视频字幕直接转译。那些加载了 AI 技术的 AR 眼镜就更酷了！戴上它，当你和外国人对话时，他们说的话会自动变成中文字幕显示在眼镜里。"

"哇！那以后我是不是可以带着翻译工具去全世界旅行了？"小明兴奋地问。

"当然！"爸爸点点头，"翻译工具就像一根语言魔法棒，帮你听懂世界各地的语言，轻松走遍全世界。"

"那以前没有 AI 的时候,人们是怎么查单词的?"小明好奇地问。

爸爸叹了口气说:"在我们小时候,要翻字典一页页地查,查一个词要花很多时间。"

"那我以后是不是不用学英语了?"小明歪着头问。

"虽然翻译工具很厉害,但学习语言还是很重要的哦。"爸爸说,"你可以想想,有了 AI 翻译,你最想去哪个国家,怎么运用它更好地了解不同的文化。"

AI 怎么还会玩游戏和拍照?

小明的游戏世界

小明喜欢玩两款游戏:王者荣耀、和平精英。每次开局,他都能遇到和自己水平差不多的对手,打得不亦乐乎。有一天,小明突然好奇地问:"为什么我每次遇到的对手都这么合适呢?难道是游戏里的 AI 在帮我?"

小智跳了出来,笑着说:"你猜对了! AI 在游戏里可是无处不在,它会根据你的操作水平,帮你匹配水平相近的对手。比如,你是高段位玩家,那你就会遇到高手;你是新手,就

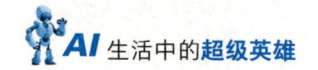

只会遇到同样水平的新手。"

"对,这样就不会输得太惨,失去游戏的乐趣。"小明开心地说。

"AI还能分析你的游戏习惯,"小智接着说,"它会根据你经常选择的角色和装备,推荐适合你的游戏道具。当然,有时候它可能希望你购买游戏里的皮肤。比如,你点过很多关于某个角色的皮肤介绍,AI就会猜测你可能对这个角色感兴趣,并推荐给你它的皮肤。"

"原来是这样!那是不是AI比我更了解自己?"小明好奇地问。

"AI会通过大数据分析你的习惯,甚至比你更懂你的喜好。"小智笑着说,"不过,并不是只有游戏里才有AI哦!很多娱乐软件都有,比如摄影软件。"

"真的吗?拍照的时候AI能做什么呢?"小明问。

"你有没有发现,手机里的AI美颜功能会自动帮你调整光线、修饰皮肤,让你变得更好看。再比如,当你拍蓝天时,AI会识别出蓝天的颜色并优化它;当你拍人的时候,AI会自动调整光线,让人像看起来更清晰。甚至当你拍月亮时,AI还能自动对焦,帮你把月亮拍得更清楚!"

"哇,它真的无处不在啊!"小明感叹。

"是啊,从游戏匹配到拍照优化,AI已经融入了我们的娱乐生活，让我们的生活变得更方便、更有趣！"小智总结道，"如果 AI 还可以加入更多娱乐活动，你希望它帮你做什么呢？"

> **任务卡**
>
> 第一个问题：
> 你已经发现身边的手机、家里的电器里藏着 AI；还能找到更多的例子吗？快把你发现的 AI 功能写下来吧！
>
> 第二个问题：
> 如果你有一个专属的 AI 助手，你希望它帮你做什么事？试着列成一个清单，用想象力创造一个属于你的"AI 超级助手"吧！

AI 守护我们的安全

小朋友们，AI 就像一位不显山露水的"隐形超级英雄"，它看似平平无奇，但一直在幕后默默地守护我们的生活安全。来看看 AI 都做了哪些事情吧！

财产安全的守护者

还记得你用微信支付或支付宝买东西的场景吗？假如 AI

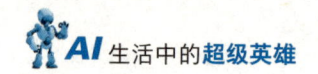

检测到你的某一次交易存在被骗的风险，或者对方的账户有问题，便会弹窗提醒你核实对方身份甚至阻止这笔交易。

当存在诈骗风险时，银行里的 AI 客服也会马上冻结账户，同时给你发短信或打电话，保护你的财产安全。另外，你想知道银行卡里还剩多少钱，或者想兑换外汇，AI 客服都能快速回答你，而这些操作以前需要到银行里排长队才能完成。AI 就像你的"钱包守护者"，时刻盯着你的账户安全。

公共环境和安全的守护者

在小区、学校，甚至机场和车站，AI 也在默默守护我们的安全。比如：

◎ **智能监控系统**：AI 会通过摄像头识别陌生人和车辆，如果发现可疑的人或者车，会发出警报，保护社区安全。

◎ **人脸识别系统**：很多小区和学校都需要扫脸才能进入，这样可以防止外来人员随意进入。

◎ **行李扫描**：机场和车站的行李检查设备也用了 AI 技术，它会自动扫描旅客的行李，发现潜在的危险物品，让我们的出行更安全。

◎ **垃圾分类监督员**：有些社区的垃圾桶已经戴上了"智慧眼镜"——AI 摄像头，它能分辨出你手里的垃圾是可回收的还是其他垃圾，如果你不小心扔错了，AI 还会友善地提醒你。

空气、水、电力的守护者

◎ **监测空气质量**：AI 可以实时分析空气中的颗粒物、二氧化硫、PM2.5 等数据，如果空气质量不达标，相应的工作人员会收到 AI 的提醒，然后据此做出相应的处理。

◎ **监测水库、河流等的水质**：AI 会实时分析水中的污染物变化，如果发现问题，会立刻通知相关部门采取措施，避免污染扩散。过去，这种工作需要耗费大量的人力物力，现在有了 AI，就能 24 小时不间断地保护我们的用水安全。

◎ **维持电力系统稳定**：可以实时监测电力的供需情况，在用电高峰时调整电力分配，避免停电，还可以帮助优化能源的使用效率，让我们的生活更加稳定和环保。

> 新鲜空气、干净水源、永不停电的背后，都有 AI 在默默努力。

7 AI 让出行更高效

AI 就像一个隐形的魔法师，正在悄悄地让我们的出行变得更方便、更高效。

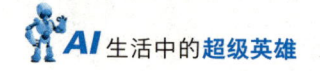

聪明的交通指挥官

还记得那些交通信号灯吗？你有没有发现，有些路口的红绿灯时间并不是固定的，红灯有时候只有 30 秒，有时候却长达 90 秒。这是为什么呢？因为 AI 会根据路上车辆的数量实时调整红绿灯的时长。

比如，当一条路上几乎没有车时，AI 会缩短行人等候红灯的时间；高峰时段，AI 会让拥堵路段的绿灯亮得更久，允许更多车辆通过。这就避免了过去那种死板的定时红绿灯造成的交通堵塞。很多城市还设置了一些可变导向车道，它们上方的指示牌都变成了 LED 屏，可以根据不同车道的车流量灵活调整通行方向，以缓解交通压力。AI 就像一位聪明的"数字交警"，它能 24 小时不休息，确保每辆车都能更快地到达目的地。

此外，AI 还能通过摄像头和传感器，帮司机快速找到空置的车位。比如，当你在商场找停车位时，AI 会告诉你哪里还有空位，还能根据停车数据优化收费策略，让停车变得更方便、更合理。

贴心的公共交通助手

当你想骑上共享单车或者电动车去兜风时，AI 就已经开始在帮助你啦！它会根据你的定位，告诉你最近的车辆在哪里；行程结束后，它还会贴心地提醒你附近的停车点在哪里，确保你骑完之后不用担心"车停哪儿"。有了这样的AI助手，是不是感觉出门骑车轻松许多？

现在，很多城市的公交车也运用了AI系统，它会实时分析交通状况和人流量，调整发车时间。如果一个车站人特别多，AI系统会安排公交车早点发车，减少大家的等待时间。

地铁里也有AI的身影。有些地铁站安装了人脸识别闸机，你只需要刷脸就能进站，出站后，被授权的支付软件会自动扣款，不需要排队买票或者刷公交卡。

总之，AI就像一位高效的"公共调度员"，默默地帮助我们实现更顺畅的出行。

任务卡 观察AI的身影

小朋友们，现在轮到你们啦！观察自己一天的生活，记录你在消费、交通出行、学校生活、社区活动等场景中发现的AI影子，列成表格和你的父母或同学分享吧！

第二节
AI 的超能力：未来还能做什么

全自动驾驶：会开车的机器人

小朋友们，你有没有想过 AI 还能有哪些更高端、更令人惊奇的应用？今天，我们先展开讲一个可能你听说过的 AI 超能力——全自动驾驶！

> 夜晚的无人车惊魂

让我给你们讲一个真实的故事。2017 年，我到广州出差，有一天晚上，我开车在珠江新城附近转悠，边听歌边感受城市夜晚的繁华。突然，对向一辆车从我旁边"嗖"地一下飞快开了过去！我心想：这位司机是有多着急！可是，你猜怎么着？那辆车里好像根本没有司机！

你能想象当时的我有多震惊吗？在一个华灯初上的夜晚，我第一次在街头看到一辆没有司机的车开得比我还快。

后来我才知道，那是一辆装载了全自动驾驶功能的无人驾驶汽车，正在进行路测。

这种车看似没有司机，但其实它的"司机"是 AI。AI 通过车载摄像头和传感器来"观察"周围的路况，可以精准识别路标、车道线、行人、自行车，甚至是周围车辆的位置，确保行驶路线的安全。

听到这里，你是不是也想坐上一辆无人驾驶汽车试试呢？

未来的全自动驾驶汽车

目前，无人驾驶技术已经非常成熟了。在我们国家的武汉以及美国的旧金山，已经有了无人驾驶出租车。如果有机会，记得让爸爸妈妈带你去体验一下"会开车的机器人"载你出发的感觉！

想象一下，未来你坐上一辆全自动驾驶校车，它不需要司机，还会看所有的红绿灯和路标，甚至可以和其他车辆"聊天"——互换行驶信息，避免发生碰撞。这样，爸爸妈妈就不用急匆匆把你送到学校，又急匆匆赶去上班了！你也不用担心路上堵车或者发生交通事故，因为 AI 司机的驾驶技术比人类司机更棒。

相信不久的将来，还会有无人公交车接送乘客，无人物流卡车帮商家运货，等等。

再来一个更大胆的假设：你的爸爸妈妈买了一辆全自动

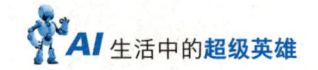

驾驶汽车，白天它可以送你上学、送爸爸妈妈去上班；晚上，它还能帮爸爸妈妈接打车订单，赚外快！这样的生活，你是不是超级想拥有呢？

> 总结　AI 操控下的全自动驾驶汽车不仅让我们的出行变得更便捷，还为我们带来了更多想象空间。小朋友们，你希望未来的自动驾驶汽车还能有什么功能呢？

医疗中的 AI 应用：医生的"超级助手"

小朋友们，你有没有陪家人去医院看过病？是不是被医院里长长的队伍和医生忙碌的工作节奏吓到了？医生们每天要面对那么多病人，诊断、开药、做手术，压力特别大。如今，这种情况正在慢慢改善，AI 就像一位"超级助手"，已经在医疗领域发挥了重要作用！

帮医生诊断病情

医生在诊断疾病时，需要分析 X 光片、CT 扫描或者血液数据，这些检查都需要花费大量时间和精力。而 AI 可以接手这些工作，检查完直接分析医学影像，帮助医生快速发现问题，比如早期的癌症、骨折问题或者心脏病等。AI 还能分析血液和基因中的数据，更精准地帮助医生问诊。

想象一下，一个医生可能一天只能看几十个病人，但有了 AI 的帮助，这个数字可能会翻倍甚至更多，病人可以更快得到诊断和治疗！

手术的好助理

现在一些医院已经在使用 AI 驱动的手术机器人，它能辅助医生完成高精度的微创手术。医生可以在手术区域外的控制台前，远程操作机器人，通过手术操作臂，干净利落地完成手术。

说到这，你也发现了，机器人手术还得靠医生来控制，就像皮影戏一样。但在未来，对于一些简单的手术，放手让机器人来自动操作应该可以实现，因为人是会犯错的，尤其是在因经历长时间手术而感到疲惫的时候，而机器人却能一直保持精准和稳定，这大大降低了手术的风险。

辅助更快研发新药

以前，如果科学家想研发一种新药，可能需要花上好几年的时间，甚至更久。可现在有了 AI，它可以通过模拟药物的化学反应，用几个月的时间完成原来需要几年的工作。比如，谷歌运用 AI 技术破解蛋白质折叠结构，这让科学家们能更快找到治疗复杂疾病的新方法。甚至有人预测，未来 AI 可以攻克很多很多疾病，你是不是也很期待呢？

AI 医生的虚拟医院

说到 AI 医生，清华大学已经试运营了一家特别的虚拟医院"Agent Hospital"。这家医院里没有一个真人，所有的护士和医生都是由 AI 控制的"智能体"。AI 可以完成从病人的挂号、问诊、检查、开药、康复到随访整个医疗流程。首批 21 个科室、42 位 AI 医生已经开始工作了。不久后，这样的 AI 医院也许就会正式对我们开放哦！

个人健康管家

我们每个人都能拥有一位专属的"AI 健康管家"。比如：

◎**智能手环、手表**：可以监测你的心率、睡眠质量等，甚至提醒你喝水。

◎**远程医疗**：通过视频让 AI 医生诊断病情，这样就能让偏远地区的病人也能及时得到治疗。

◎**健康食谱推荐**：AI 会根据你的身体状况，为你设计最适合的饮食计划。

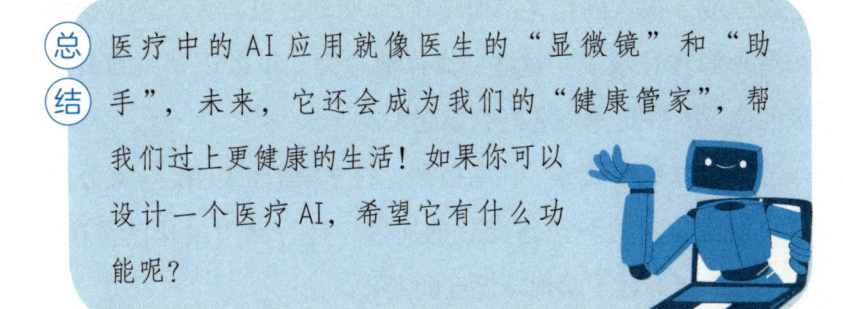

> **总结** 医疗中的 AI 应用就像医生的"显微镜"和"助手",未来,它还会成为我们的"健康管家",帮我们过上更健康的生活!如果你可以设计一个医疗 AI,希望它有什么功能呢?

3 AI+环保:地球的超级守护者

AI 不仅能帮我们学习、生活,他还是一位"环保英雄",正在用它的智慧守护我们的家园。让我们看看 AI 能为保护地球做哪些了不起的事情吧!

◎**火灾预警员**:森林火灾往往在最初是可以被扑灭的,但人类很难及时发现火灾的苗头,而 AI 可以通过卫星图像和温度数据等进行分析,如果某个地方的温度异常升高,它会立即报警,提醒护林员前去检查,这样就能在火势蔓延前扑灭大火。

◎**守林员**:AI 可以通过卫星监测森林的覆盖率。如果发现某片森林的树木突然减少,AI 就会帮护林员追踪偷伐者的位置,将他们绳之以法!

◎**海洋清道夫**:海洋里的塑料垃圾对鲸鱼、鲨鱼等海洋

AI 生活中的超级英雄

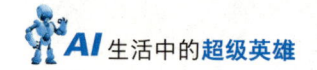

生物造成了很大的伤害，但现在 AI 驱动的机器人已经开始帮忙清理海洋垃圾了。这些"海洋清道夫"可以识别出塑料垃圾的位置，并迅速将它们收集起来。

◎ **全球变暖侦探**：在南极洲，科学家们可以用 AI 来分析冰川的数据，检测全球变暖的速度，计算冰川融化的范围，帮助人们更好地了解地球温度的变化。

◎ **农业小助手**：AI 可以通过分析天气情况和土壤数据，告诉农民伯伯：最佳种植时间是什么时候，什么时候该浇水，浇多少水才能让农作物长得更好，每种农作物种多少最合适，有没有发生病虫害，等等。通过精确计算，AI 可以帮助农民提高粮食的产量。

> **总结** **AI 是地球的守护者**
>
> 从森林到海洋，从农村到城市，AI 正日夜守护着地球。它能防止火灾、保护动物、清理垃圾……如果你想了解这方面更详细的知识，也可以跳到本书的第五章第二节。小朋友们，如果由你来设计一个环保 AI，你希望它有什么新本领呢？比如自动种树、帮小动物建新家？快发挥你的想象力吧！

第三节
AI 带来的思考：它真的很完美吗

前面我们了解了 AI 的超能力，它可以开车、治病、保护环境，还能创作艺术作品，的确很厉害。但 AI 是不是从来不会犯错呢？它是不是能解决所有的问题呢？这一节，我们来探讨一下 AI 的局限性，人类应该如何和它合作，才能使它变得更强大。接下来，先听我给你讲一个故事。

信息茧房的秘密

有一天，小明和小芳组成了一个 AI 学习小组，他们花了一个星期认真研究 AI 的功能，然后带着问题去找老师讨论。

小明率先发言："老师，我发现 AI 有时候也会犯错！那天，我把平板电脑放在桌上忙别的事情，没注意到短视频软件上的视频一直在循环播放。等我回来后使用，这个视频软件就一直给我推荐类似的视频，

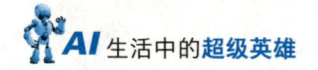

我都快受不了了。"

小芳马上接着说："对，我也遇到过！有一次我收藏了一个特别喜欢的搞笑视频，结果这个软件就不停地推荐类似的给我，我都刷不到其他有趣的内容了。"

老师听完，笑着说："这就是信息茧房。当你频繁看某一类内容时，AI 会通过大数据分析得出'哦！你喜欢这个'，然后不断给你推荐类似的内容。久而久之，你看到的世界就会越来越单一。你以为你看到了全部，但实际上你只看到了 AI 认为你想看到的部分。"

老师接着问小明："小明，你平时喜欢打篮球对吧？如果有一天你突然喜欢踢足球或者想看一本小说，AI 能不能猜到你的新兴趣呢？"

小明摇摇头："不行，因为我从来没有告诉它这些新信息。"

老师点点头："没错！AI 只能根据已有的数据推测你的兴趣，但它并不知道你突然的改变或新想法。"

小明思考了一会儿，问："这是不是 AI 的一个大问题？"

老师笑着说："对，这是 AI 的局限性之一。它擅长

> 处理数据,但无法预测你的每一次改变。如果我们把所有的生活、学习方式,甚至思考问题的方式都交给 AI,最终可能会被它'困住',失去对生活的掌控力。"

同学们,AI 虽然强大,但它是工具,我们人类才是主导者!我们要学会用它来帮助我们,而不是被它控制。在这一讲,我们将一起探讨 AI 的局限性和它需要遵循的规则,以及我们该如何正确使用它,让我们一起进入这个有趣的主题吧!

❶ AI 的局限性:它会犯错,也需要学习

小朋友们,AI 也会犯错,也需要像我们一样不断学习和进步,让我们来了解一下 AI 犯错的原因有哪些吧!

原因一:海量数据时代,垃圾数据会让 AI "生病"。

以前,数据收集非常不方便,比如天气预报需要人工观测云层、风速和气压,误差很大,经常预测错。现在不一样了,海量数据时代,AI 能通过卫星和传感器,实时获取天气数据,比如温度、湿度、风速等。

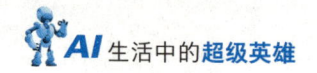

过去 VS 现在：数据来源的变化	
过去	数据的来源非常有限，比如实验室里的科学家需要手工记录实验结果，一次只能分析几条数据。
现在	1. 传感器。汽车上的传感器（摄像头等）可以实时收集路况信息，比如道路是否拥堵、天气是否下雨，甚至前方是否有障碍物。 2. 互联网。AI 可以通过分析网络上的新闻文章、视频和图片等内容来学习知识，就像你在网上查资料。 3. 用户行为。你在视频平台上点击、搜索或观看某些内容的行为也会成为 AI 的学习素材。

看了上面的表格，你就会知道，其实我们身边的每一样东西，都可能在为 AI 提供数据！

我们之前讲过，数据是 AI 的食物，就像我们吃了不干净的东西会拉肚子一样，AI 如果接收到不准确的信息也会"出问题"。还有一点，当 AI 接收到的数据不完整、不全面时，就像我们的饮食不均衡、营养不全面，也会出现健康问题。

比如，如果 AI 只见过黑猫，它会以为所有的猫都是黑色的，然后当它看到一只白猫时，它可能就会认为它不是猫。就像我们知道这个世界有黑天鹅，但 AI 如果从没接触过这样的数据，它根本不知道黑天鹅的存在。

垃圾数据不仅浪费时间，会让 AI 做出错误的判断，还会在很多场景下带来严重后果,比如医疗 AI 误诊病情,或者自动驾驶 AI 无法识别路标造成交通事故。

> 【总结】
> 1. **数据是 AI 的养料**:没有数据,AI 什么都做不了。
> 2. **数据来源丰富**:从传感器到互联网,AI 的大脑每天都在吸收各种信息。
> 3. **数据的质量很重要**:垃圾数据会让 AI 出错,干净数据才能让它表现出色。

原因二:AI的理解力有限。

AI 和人类不同,它没有像我们一样的灵活性,也没有整体观。它只能根据给定的规则和算法来判断数据,不能灵活地分析复杂的情况。

比如,AI 可能会把"狗咬人"和"人咬狗"当成一回事儿。因为对 AI 来说,这两件事都是"咬",而"狗"和"人"在它眼里只是两个不同的主体数据,它不会像我们一样明白哪个更符合常识。

原因三:在复杂场景中,AI容易"迷路"。

在简单的任务中,AI 往往表现得很好,但当场景变得复

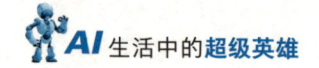

杂时，它可能会"迷路"。举个例子：如果你给 AI 的指令很清晰，比如"帮我查询今天的天气"，它可以迅速回答你。但如果你给它很多复杂的指令，比如"告诉我今天的天气，推荐一套适合的衣服，再帮我安排一个户外活动的计划"，它可能就会卡住，甚至出错。

这就是计算机的特点——

> 当任务单一时，表现会很出色；但当任务变多、变复杂时，它的表现可能就会不尽如人意。

小朋友们，AI 就像一个非常努力但不够灵活的学生，它需要不断练习才能进步，但即使练习再多，它也有可能在面对新问题时出错。所以，AI 只能提供帮助和支持，无法替我们做出决策，当你使用 AI 时，一定要学会分辨，这就需要你有足够的批判性思维。

> 什么是批判性思维？就是对所有事物或观点保持怀疑的态度，不能直接全盘接受，要去思考它是不是正确的。

当我们学习时，如果对一件事情的对错暂时无法下结论，就先保持一种开放、不盲信的态度。在 AI 时代，这种思维尤为重要。未来你不只是要向老师提出问题，还要对 AI 给出的答案保持怀疑。AI 的作用是帮助你理解这个世界，而不是代替你去理解。

这也是爸爸妈妈让你控制看短视频时间的原因，因为当你沉迷于短视频时，AI 会用算法牢牢控制你看到的内容，你的世界就会变成一个被限制的小圈子，你以为的"全部"，其实只是 AI 为你筛选的那一部分。这样，你对世界的理解会变得片面甚至带有偏见，而偏见会妨碍你更准确、更全面地认识世界。这就是前面说的"信息茧房"。

想想我们学过的"井底之蛙"的故事，那只青蛙以为天空只有井口那么大，就是因为它没跳出井口去看更大的世界。再想想"盲人摸象"的故事，一个人只摸到象的耳朵，就以为大象是像扇子一样的形状。只有当你跳出短视频的信息茧房，接触更多元的内容，带着批判性思考去判断，才能看清事物的全貌。

AI 的确会随着数据的丰富和不断的学习变得更聪明、更智能，但这并不意味着它不会犯错。我们不确定 AI 未来是否会变得无懈可击，但有一点是确定的：生活的掌控权永远在我们手中，这是我们在 AI 时代生存的关键！

冷知识 TRIVIA

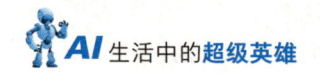

问 世界上第一台计算机是什么时候诞生的？

答 它叫"ENIAC"，于1946年问世，被誉为"现代计算机的祖先"。这台计算机重达30吨，占地面积约170平方米，曾用来帮助美国军方计算炮弹弹道。

2 AI 的公平问题：AI 也有"偏见"

小朋友们，AI 的确很厉害，但由于它的决策依赖于它接收到的数据，不可避免会存在一些"偏见"。所以 AI 必须遵守规则，不能让偏见扩大。

作业评分风波

新学期，小明学校新引入了一套 AI 评分系统，专门用来评估学生的作业完成情况。大家本以为这套系统会更加公平和高效，但一次意外却引发了同学们的讨论。

某天，小明打开成绩单，惊讶地发现自己的作业完成情况被 AI 评为"不合格"。更让小明不解的是，他的好朋友小

第二章 身边的AI——原来它一直陪着你

琪却被评为了"优秀",尽管她的作业比规定时间晚交了一天。"怎么会这样?我明明按时完成了所有作业。"他一头雾水地去找老师。

老师认真查看后解释道:"这个AI评分系统的确存在问题,设计的考查标准更加看重作业内容质量,把时间的权重设置得太低,所以没有正确评价你的表现。"

"什么意思啊?"小明一脸疑惑。

老师笑了笑说:"就是AI偏心咯!"

小明瞪大了眼睛:"原来AI也会犯'偏心'的错误啊!那我们该怎么办呢?"

爸爸回家后听了这件事,耐心地给小明讲解:"AI本身是没有情感的,它的'偏见'并不是有意的,而源于以下两个原因——

> "首先是<u>数据的偏差</u>。假如AI学习的数据不够全面,比如它的训练数据中只有少量关于'按时交作业'的记录,那么它就会忽略时间因素,做出不公平的判断。
>
> "其次是<u>算法的设计问题</u>。AI的决策规则是由设计者写的程序决定的。如果设计者的个人习惯或判断有偏差,AI的规则也会受到影响。"

爸爸继续说:"以前的作业评分完全由老师完成,虽然速度慢,但老师可以根据学生的情况进行综合判断,比如表扬按时交作业的学生,即使完成质量稍微差一些。AI 评分更快、更高效,但规则不完善或者数据不全面,就会导致不公平。"

小明皱了皱眉:"所以 AI 虽然快,但也不能保证绝对的公平,对吗?"

"没错!"爸爸点头说,"AI 只是工具,最终的公平要靠我们不断优化规则和数据来实现。"

> 科学家们也发现,AI 有时会表现出偏见,比如:
> ◎如果 AI 的人脸识别系统主要用白色人种的照片训练,它对黄色人种和黑色人种的识别就会不准确。
> ◎如果 AI 的训练数据包含了很多关于某个群体的负面信息,它可能会认为这个群体不如其他群体优秀。

小朋友们,如果你发现 AI 输出的内容有偏见,比如说它的回答不公平,或者它推荐的内容总是重复,那你要勇敢地告诉老师和家长:"这个 AI 的算法有问题!"只有当我们勇敢地指出这些问题,科学家们才能不断改进 AI,让它变得更好。

> **任务卡** 如何让 AI 更公平？
>
> 为了减少偏见，科学家们正在努力让 AI 的算法变得更加公平。
>
> 对于"作业评分风波"，我们可以从以下两点入手：
>
> 1. **确保数据全面且多样**：收集更多样化的训练数据，比如不同学生的作业时间、内容和其他表现，避免单一数据带来的偏差。
>
> 2. **优化算法设计**：在设计评分规则时，综合考虑多种因素，比如交作业时间、内容质量和作业难度，同时邀请多个老师参与设计，减少个人偏见的影响。
>
> 请你想想，还有什么是我们可以改进的呢？

AI 的伦理问题：它能自己做决定吗？

当 AI 越来越强大时，它真的能自己做决定吗？其实，AI 再聪明，也只是按照人类设定的规则工作。它没有自己的情感，也没有真正的价值观。但如果规则不明确，或者人类没有及时调整，AI 的决策就可能带来一些问题，这些问题就被

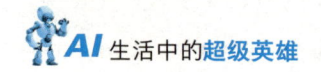

称为"伦理问题"。

比如，想象一下，一辆自动驾驶汽车在路上遇到了无法避免的车祸，它必须做出选择——是优先保护车里的乘客，还是保护路上的行人？这种情况就像哲学中的电车难题，无论选择哪个，都可能带来令人痛心的后果。

另一个问题是，AI 在很多行业里替代了人类的工作。比如工厂里的机器人会代替人工进行生产，虽然工作效率提高了，但也让很多人因此失业。这也是我们需要思考的社会问题。

> AI 的出现并不是为了"抢饭碗"，而是应该帮我们完成那些危险或枯燥的工作，同时为人类创造更多新机会。

AI 需要遵守的规则

为了让 AI 更好地服务人类，我们给它制定了很多规则，而这些规则需要由人类来制定和监督。比如：

◎ 公平性：AI 不能对任何人有偏见，比如不能因为种族、性别等因素对人做出不同的判断。

◎ 透明性：AI 的决策过程必须清楚、透明，不能缺乏可信度。

◎**安全性**：AI 不能滥用数据，也不能做出伤害人类利益的事情。

> **AI 越强大，人类责任越大**

还记得《蜘蛛侠》里的一句话吗？"能力越大，责任越大。"这句话用在 AI 身上也特别合适，而人类要为这种强大的力量负责。

◎**规则必须明确**：人类在设计 AI 时，需要制定清晰的规则，比如在自动驾驶的例子里，要设置好优先保护的对象，或设计更加安全的技术来避免这样的两难局面。

◎**过程需要人类引导**：AI 没有情感，也没有道德观念，它只能执行人类的命令。所以，我们需要不断优化 AI 的算法，并且对它的运行过程进行监督。

◎**应对社会问题**：面对 AI 可能带来的工作替代问题，政府、企业和社会应该共同努力，比如为人们提供 AI 相关的技能培训，创造更多新岗位，让 AI 与人类更好地合作。

AI 的强大是为了帮助我们，而不是控制我们。只有在我们负责任地使用它时，AI 才能真正成为我们的好帮手。而这些思考，不仅是科学家的任务，也是需要我们每个人认真面对的。

AI 生活中的超级英雄

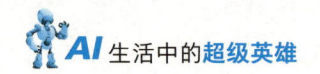

冷知识 TRIVIA

问 世界上第一个提出"AI伦理"的人是谁？

答 艾萨克·阿西莫夫，他在科幻小说中提出了著名的机器人三定律：1. 机器人不得伤害人类个体，或者目睹其将遭受危险而袖手不管；2. 机器人必须服从人给予的命令，当命令与第一条冲突时除外；3. 机器人在不违反第一条、第二条定律的情况下尽可能保护自己生存。

4 更多关于 AI 的思考

小朋友们，除了公平问题、伦理问题，我们还要关注 AI 带来的隐私问题。前面提过，如果不小心让 AI 处理了你的重要信息，可能会有安全风险。有些智能设备，比如家里 24 小时开着的摄像头，如果哪天被黑客攻击，你们家的情况就可能被泄露出去。

隐私问题并不简单，还会引发很多关于 AI 的思考。接下来，结合本节前面的内容，我们一起看看下面三个有趣的问题，你也可以和爸爸妈妈一起探讨——

第二章 身边的 AI——原来它一直陪着你

问题一：谁对 AI 的错误负责？

如果 AI 医生误诊了，是医院负责、医生负责，还是 AI 负责？如果车辆自动驾驶导致交通事故，是汽车公司负责、车主负责，还是行人负责呢？

问题二：AI 需不需要规则？

如果让你来为 AI 制定规则，你会定哪些？你可以天马行空地列一份"AI 规则清单"，让 AI 变得更加安全和可靠。举例：

1. AI 不能欺骗人类。
2. AI 必须保护个人隐私，不能泄露秘密。
3. AI 遇到不确定的问题时，必须先请教人类。

问题三：有哪些方法可以让你的数据不被 AI 知道、不被滥用？

可以思考自己平时有没有做到。举例：

1. 不随意上传个人照片和重要文件。
2. 不在陌生网站输入家庭信息和密码。
3. 对重要的信息设置更复杂的密码。

AI 的发展速度真是让人惊叹！还记得我们在第一章里讲过 AI 的历史吗？过去几十年甚至上百年才会发生的一些技术

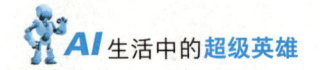

进步，现在可能几个月，甚至几天就会出现新的突破。AI 正以一种"指数型"的速度快速成长，带给我们无数的可能性。

　　虽然现在的 AI 并不完美，但它的潜力是巨大的。随着技术的进步，未来的 AI 或许会变得更可靠、更安全，甚至更加懂得人类的情感和需求。科学家们正在努力结合法律和技术，为 AI 制定更多智慧的规则，确保它能真正服务于人类。

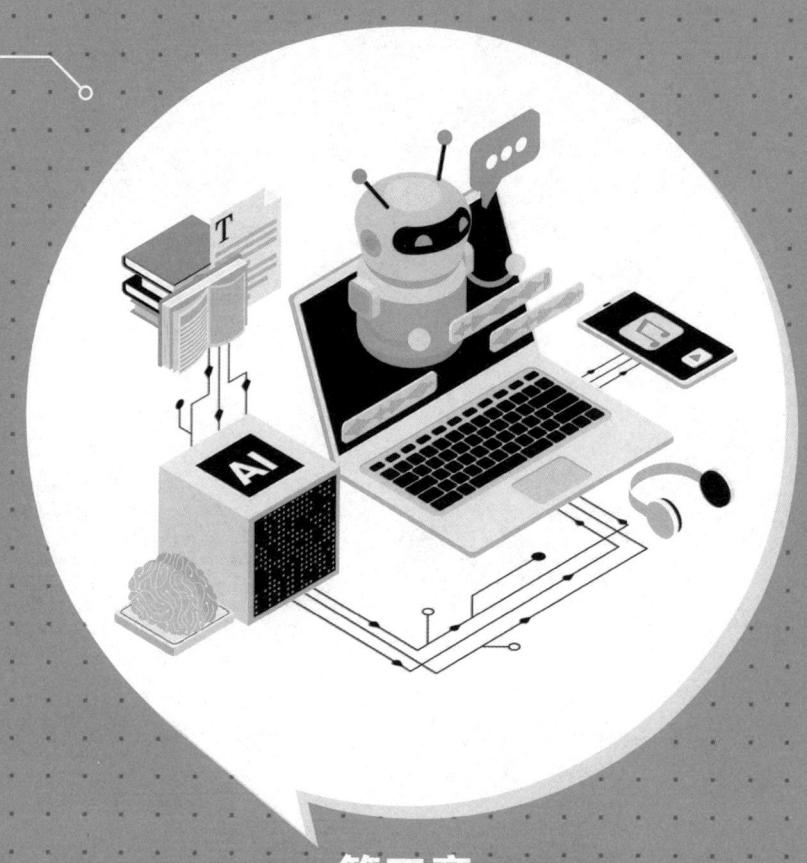

第三章
学习和生活的 AI 魔法

第一节
AI 如何让学习更轻松

小朋友们,你是否每天坐在书桌旁,揉着酸痛的眼睛,看着厚厚的英语书和单词本,还有那些让人头疼的数学题,这些都让人觉得学习很累,是不是?有时候连爸爸妈妈也无法帮你。

但现在,你们是不是经常能听到 AI 可以让我们学得更快、更轻松?那它到底是怎么做到的呢?这一节里,我将用七个场景告诉大家 AI 是如何通过不同的方式帮助我们学习的,每一种方式都可以重新定义学习的意义和方法。

AI,让学习规划简单又清晰

小明的周末作业日程表

在爸爸的帮助下,小明打开 AI 时间管理工具,输入了第二天需要完成的任务:

AI 生活中的超级英雄

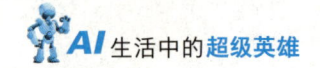

> 1. 完成数学作业。
> 2. 练习钢琴。
> 3. 背英语单词。

几秒钟后，AI 生成了一份详细的时间表，并贴心地加入了休息时段：

> 1. 上午 9:00-10:30：完成数学作业。
> 2. 上午 10:30-11:00：休息，喝水并做眼保健操。
> 3. 下午 2:00-3:00：钢琴练习。
> 4. 下午 3:30-4:30：背英语单词。

小明惊讶地发现，这份时间表不仅安排得紧凑合理，还特别注重平衡工作与休息。他高兴地对爸爸说："有了这个时间表，我再也不用担心忘记各项任务了！"

AI 甚至会在晚上提醒小明提前准备好第二天需要用到的东西，比如数学作业本和钢琴曲谱。小明笑着感叹："它比妈妈还细心！"

"有了这个计划，你还需要做什么呢？"爸爸问。

小明不解地摇摇头。

"还需要去'做'！"爸爸笑着回答。

小明笑了，说："对、对、对。还需要执行。"

你知道吗？现在，AI 已经可以成为你的"学习搭档"，随时帮你安排学习任务、调整计划，让学习变得简单又有条理！你可以打开一个 AI 工具（如豆包、DeepSeek 或 ChatGPT，后同），让它帮你安排假期作业和娱乐时间，假如你上午学数学时有些难点没弄明白，想下午多花点时间复习数学，也可以继续对 AI 说："下午其他项目的时间能不能缩短一点？我想多练习数学。"AI 会根据你的进度和需求，灵活调整计划，随时为你服务。

有些专门为学习设计的 AI 工具也特别好用，比如：

◎ Todoist 或 Google Keep：帮你规划学习任务，按时提醒你。

◎ Quizlet：帮你整理学习内容，做成有趣的记忆卡片。

◎ Forest 或 Focus To-Do：让你专注学习，记录学习时间。

所以说，现在你可以在 AI 的帮助下自己完成一个"私人定制"的学习方案。这样一来，你会发现学习不再是一件令人头疼的事情，而是变成了一个简单、有条理、好掌控的任务。

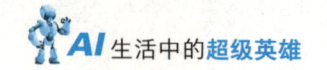

准备好了吗？接下来我们能学到更多 AI 的神奇方法，把学习变得更高效、更快乐！

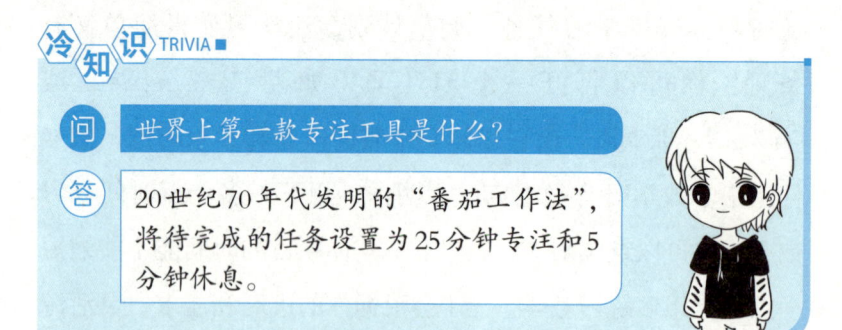

冷知识 TRIVIA

问：世界上第一款专注工具是什么？

答：20世纪70年代发明的"番茄工作法"，将待完成的任务设置为25分钟专注和5分钟休息。

2 学英语：AI 的超强记忆法

小朋友们，背单词、练发音、做题，这些都是学英语过程中让人感觉枯燥和累人的部分，但现在 AI 可以变成你的随身英语教练，让学英语变得又有趣又轻松！

背单词不再枯燥

背较长的单词是不是有点难？没关系，AI 会用它的"智慧"帮你想出一些好玩的记忆方法！比如单词"abandon（放弃）"，当你发现怎么都记不住它，可以试着对 AI 工具说："请帮我想一个有趣的方法记住'abandon'这个单词。"AI 会结合单词的意思,把单词融入一个生动的场景中,让你更容易记住——

> 你可以把单词拆分成"a-ban-don",想象成"A(一个)+ Ban(板凳)+ Don(人名:唐)"。唐(Don)一屁股坐在一个板凳(A Ban)上,结果板凳突然散架!他摔得四脚朝天,大喊:"啊!这破板凳!老子不干了!我要彻底'摆烂'(abandon)!"

记住这个画面,你是不是一下子就记住了这个单词的拼法和它的意思"放弃"?

或者,你可以请 AI 帮你用单词造一个简单又有趣的句子,让它变得更容易理解——

> Bar(酒吧)里 be(是)需要 queue(排队)买 barbecue(烧烤)的。

这个句子将"barbecue"拆分成三个简单的单词"bar""be""queue",并串联成一个有趣的场景,这样你不仅能理解单词的意思,还能记得特别牢!

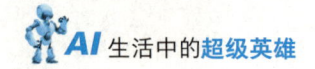

不仅如此，AI 还能提醒你复习。比如，你背了 100 个单词，第二天让 AI 帮你复习一遍，巩固记忆曲线，这样单词就不容易忘记啦！

> 发音练习也没问题

背单词解决了，那发音呢？原来练习发音要找外教，费用还很高，现在有了 AI，你不用担心了。

你可以让 AI 说一句英语，然后你跟着它重复，它会帮你纠正发音错误；它还能用语音测评功能告诉你，你的发音是否标准。

最重要的是，AI 是 24 小时随时在线的英语教练，不管你什么时候想练，它都会耐心地陪着你，完全不用担心时间和费用问题。

3 学数学：AI 让数学不再难

小朋友们，学数学时有没有觉得公式太复杂、步骤太难记、总是算不对……但现在，有了 AI 的帮助，数学不再那么可怕了，它可以变成你解题的好伙伴。

一步步教你解数学题

如果有一道数学题你完全不会,别急,试试把题目发给 AI 工具,它会像一位超级耐心的老师,用生活化的语言和比喻,把每一步的解题过程都拆解得清清楚楚,比如你不会解方程"2X + 3 = 7",它会这么教你:

步骤 1:方程是什么

比喻:方程就像一个天平,左边(2X + 3)和右边(7)必须平衡。我们的目标是找到 X 的值,让两边相等。

步骤 2:去掉"多余"的数字

问题:左边有"+ 3",我们想先去掉它,让 X 单独留下。

方法:对天平的两边做同样的事情!

左边:2X + 3 − 3

右边:7 − 3

结果:2X = 4

解释:"− 3"就像拿走 3 块糖果,两边都要拿,天平才能保持平衡。

步骤 3:让 X 完全"自由"

问题:现在左边是"2X"(2 乘以 X),我们需要让

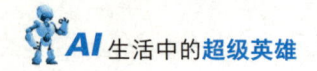

X 单独留下。

　　方法：把左边的"2"去掉，两边同时除以 2。

　　　　左边：2X ÷ 2

　　　　右边：4 ÷ 2

　　　　结果：X = 2

　　解释：就像把 4 个苹果平均分给 2 个小朋友，每人得到 2 个苹果，所以 X 就是 2。

步骤 4：验证答案是否正确

　　检查：把"X = 2"代入原来的方程，看看是否成立。

　　　　左边：2 × 2 + 3 = 4 + 3 = 7

　　　　右边：7

　　结论：两边相等，所以答案正确！

总结口诀：

1. 去常数：先把多余的数字"抵消"。

2. 除系数：再用除法让 X 单独留下。

3. 验算：最后代入检查答案。

　　如果有哪一步你没弄明白，可以对 AI 说："请再讲清楚一点！"AI 会再细心解释，直到你完全明白为止。更有趣的是，有些 AI 工具还会给你画图，或者用动画演示解题步骤，让你一看就懂。我在这里也推荐一些好用的 AI 工具：

◎ Photomath：拍下数学题，AI 会一步步教你解。

◎ 作业帮：可以详细解释每个步骤的意思。

◎ Microsoft Math Solver：能提供多种方法解一道题，帮你找到最简单的思路。

就算是特别难的题目，AI 也能帮你梳理清楚！慢慢地，你会发现数学题没有那么可怕了，甚至还会觉得解题像"闯关"一样有趣。但你在学会之后一定要独立思考和运用，千万不能依赖 AI 完成作业哦！

帮你举一反三

学数学最重要的是什么？举一反三！原来我们做错一道题，要买好多模拟卷，翻好多参考书，才能找到类似的题目来练习。现在你只需要问 AI："能不能给我出一些类似的题目，我再做一遍？"AI 会帮你生成一大堆相似的题目，帮你提高正确率。

这样你就不用担心遇到"同类型"难题时又犯错啦，AI 会像出题老师一样，帮你巩固知识点。

让数学变得有意义

有时候我们会觉得某些数学题特枯燥，甚至会想："为什

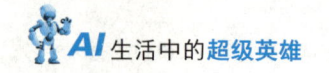

么我要学这个？它到底有什么用？"这时你可以问 AI"这道题在现实生活中有什么意义"或者"在历史上有没有类似的场景用到过这种公式"。

AI 可能会告诉你：

> ◎这道几何题在设计建筑时会用到，比如摩天大楼的框架构建。
> ◎这道统计题可以用来分析球队的胜率。
> ◎这道物理题的数学公式曾被科学家用来研究宇宙的奥秘！

看到这，是不是突然觉得数学变得生动起来了？数学不再是冷冰冰的数字，而是能和真实世界联系起来，成为解决实际问题的工具。这样你学习数学是不是更有趣、更有动力了？

所以，小朋友们，AI 不仅能教你解题、帮你出题，让你学会举一反三。更重要的是，它还能告诉你这些数学知识在现实生活中有多大的作用，帮你理解学习的意义。

4 学历史：AI 是你的超级历史老师

小朋友们，学历史会涉及很多年代、人物、事件……是不是很容易记混？现在有了 AI 这个超级历史老师，历史课也可以变得生动有趣！

> 把枯燥的历史变成有趣的故事

还记得《三国志》吗？书中的人名、地名特别多，读起来很费劲。但如果看《三国演义》，就会发现每个故事都特别精彩！而 AI 就像一位会讲故事的老师，可以把历史知识变成有趣的故事讲给你听。

比如，当你想了解"秦始皇为什么修长城"时，你可以对 AI 说："请你用讲故事的方式告诉我秦始皇修长城的原因。"AI 会用生动的语言把故事背景、历史事件都告诉你。如果你觉得故事太无聊，还可以对 AI 说："能不能再有趣一点？"AI 会根据你的要求，让故事变得更好玩、更容易记住！

> 历史的智慧＋AI 的辅助＝超能力

学历史最重要的不是知道发生了什么，而是能从历史中学会一些道理，能用历史的智慧照亮今天的生活。

比如，当你学到"赤壁之战"时，你可能知道这是以小胜大的经典战役，但你有没有想过这段历史在现实生活中的意义呢？你可以问 AI："用现在的眼光来看，赤壁之战的智慧是什么？"AI 可能会告诉你：

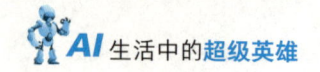

> ◎小人物通过智慧打败了大人物,就像一个小公司通过创新打败了大公司。
>
> ◎你不需要很强大才能赢,只要找到对的策略,就能以弱胜强。

通过这样的对比,你不仅学到了历史,还理解了它和现实的联系,对这些历史事件有了更深刻的印象。历史不再是"过去的故事",而是能启发你思考的一面镜子。

小朋友们,有了 AI 这个超级历史老师,学历史就不再是记年代、背事件了,而是通过一个个有趣的故事理解过去的智慧、思考当下的生活。快试试让 AI 帮你讲故事、回答问题、连接历史和现实吧!

学语文:AI 是你的阅读伴侣和写作助手

原来读一篇文章,我们需要逐字逐句,有时候还记不住重点。现在,有了 AI 的帮助,阅读的方式发生了很大的变化。我们可以把这篇文章的内容拍给 AI 看,它能迅速吸收里面的内容,然后像一个带读的小老师,帮你把重点挑出来,让你一开始就知道这篇文章的大意和中心思想。

阅读时遇到不认识的字词,还可以问 AI:"这个字是什么意思?"AI 会像一部贴心的字典,帮你解释词义,甚至还能帮你整理出一个"生词复习表"。读完一本书后,AI 还可以出题考考你,帮助你更好地理解内容,比如:

◎故事的主角为什么在这里说了这句话?
◎这篇文章的前三段想表达什么?

AI 不仅能帮你读书,它还是一个写作的好助手!无论是 DeepSeek、文心一言、豆包还是 ChatGPT,只要你告诉它作文的题目和主题,它就能帮你厘清写作的大纲,给你一个写作的方向。比如,你想写一篇关于"我的梦想"的作文,AI 可以帮你想好开头引入的方法,还能提供很多灵感,比如:

◎为了成为科学家,我小时候做过哪些小实验?
◎我的梦想跟我平时喜欢的活动有什么关系?

你甚至可以请 AI 帮你润色你的作文,让它检查错别字、语法问题,还能让它分析一篇满分作文的写作思路,帮助你模仿和改进。以前写作文需要花很多时间想主题,现在有了

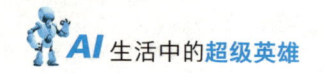

AI,它可以像你的写作导师一样,帮你一步一步完成。

学科学:让 AI 带你做实验

以往,我们所有的科学实验几乎都在实验室里完成。还记得那些需要用酒精灯加热的实验吗?老师总是反复叮嘱:"千万别用嘴吹灭酒精灯!"因为稍有不慎就会引发危险。现在,AI 可以为你搭建一个虚拟实验室,让你在家完成很多实验。

比如,通过 AR 眼镜或 VR 眼镜,在 AI 设计好的实验场景中,你可以模拟高浓度化学物质的提取过程,也可以观察植物是如何通过光合作用吸收光的。像点燃酒精灯、分析化学反应这些高危实验,AI 可以提前进行动态演示,让你在理解整个过程后再进行虚拟互动操作。想知道什么是 AR 和 VR 技术,可以看下面的解读:

◎ AR(增强现实)技术:一种在现实世界中叠加数字信息的技术,通过摄像头、传感器等硬件实时捕捉现实场景,并在视野中叠加数据标注等,我们可以通过

AR 眼镜看到现实世界中的物体和虚拟信息的融合。

◎ VR（虚拟现实）技术：一种完全沉浸在虚拟世界中的技术，它可以创造一种全新的体验。我们可以通过 VR 眼镜进入一个完全虚拟的环境，比如游戏场景、电影剧情等。VR 技术可以让我们在虚拟世界中感受到真实的视觉、听觉和触觉。

更有趣的是，AI 可以通过科普问答来满足你的好奇心。如果你突然想知道"为什么飞机能够飞起来"，AI 可以从飞机翅膀的设计到空气动力学的原理，一步步给你解释，甚至通过动画动态展示机翼和空气的交互过程，让你一目了然。再比如，当你问"太阳为什么会发光"，AI 可以告诉你太阳的核心正在发生核聚变，将氢转化为氦，同时释放出巨大的能量。它还能补充一些有趣的冷知识，比如太阳每秒钟会释放多少能量，或者太阳核心的温度有多高。

除此之外，AI 和 VR 技术的结合还能带你探索星空和遨游海底，让你触碰到银河系中的无数恒星、看清楚海底生物的真实样貌，慢慢解开自然界的奥秘。

AI 让科学变得更加有趣和生动，它不再只是枯燥的理论，而是可以触手可及的实践。每个问题都有可能成为一个全新

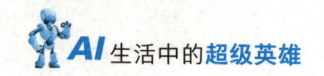

的探索旅程，只需要你大胆提问，AI 就能带你进入知识的奇妙世界！

7 学习快乐法：让知识点玩起来

有时候学习太枯燥，学着学着就会走神，但玩游戏时却可以一直集中注意力。而 AI 就可以让学习变成一场有趣的游戏，无论是哪一门学科的知识点，只要你觉得无聊，就可以问 AI："能不能把这个知识点变成一个我能玩起来的游戏？" AI 会给你一个大大的惊喜！

比如你正在背英语单词，你可以让 AI 编程工具把单词变成一个"英语农场"游戏——每记住一个单词，你的农场就会长出一棵新植物；如果记错了，植物可能会枯萎。看到自己的农场越来越茂盛，是不是特别有成就感？

不仅如此，你还可以对 AI 说："请帮我设计一个奖励机制。"

比如，每天背完 10 个单词，AI 会送你一些浇灌植物的养料，可以用来升级你的植物，让它成长得更快。

原来枯燥的任务，现在变成了一场闯关冒险，你在不知不觉中就能完成知识的积累，还能收获满满的成就感！

你甚至可以告诉 AI 编程工具:"我今天有 10 分钟的学习时间,能不能帮我设计一个有趣的游戏来完成任务?"AI 会根据你的学科需求和兴趣,把学习任务设计成一场能和朋友一起玩的轻松的互动游戏。比如:

◎英语:玩单词接龙游戏,看谁记得又多又快!
◎数学:挑战心算比赛,算对一题得一分!
◎历史:和 AI 一起穿越时空,完成解谜任务!

通过游戏化的方式,我们不仅能学到知识,还能感受到学习的乐趣。

第二节
在 AI 的陪伴下全面发展

AI 不只是学习上的好帮手，它还能助你成为一个全面发展的"超级个体学生"。这一节我将带你一起探索 AI 如何帮助我们提高各方面能力，让我们德、智、体、美、劳全面发展。

❶ AI——你的沟通与协作小助手

你是否曾为准备一场演讲而感到紧张？不用担心！AI 就像一个贴心的老师，可以随时随地帮你提升沟通与表达能力，让你在团队协作中也能游刃有余。

AI 教你成为演讲小达人

假设明天你需要在班会课上演讲，但你不知道如何开头，可以请 AI 来帮忙！

第一步：告诉 AI 演讲的主题，比如"我的梦想"。AI 会帮你写出一个吸引人的开头，例如："每个人都有一个藏在心中的梦想，它像一颗种子，等待着成长为参天大树。今天，我想和大家分享我的梦想故事。"

第二步：和 AI 继续讨论，让它补充更多细节，比如用小故事、名人名言或幽默的例子丰富内容。

第三步：写完后，你可以试着读一遍给 AI 听，AI 会像一位耐心的指导老师，给出实用的建议，比如：

◎实时纠正发音：指出平翘舌音、前后鼻音等问题。

◎分析表达节奏：建议在关键句子后停顿，营造悬念感或者让内容更有感染力。

◎提供观众模拟：AI 可以生成一个虚拟听众，通过表情和语音反馈帮助你调整演讲方式。

AI 提升你的辩论和对话能力

AI 不仅是演讲的小帮手，还是提高辩论能力的好伙伴。

场景一：班级辩论赛

小明要参加班级辩论赛，但他不确定如何找到有力的论据。AI 可以扮演不同的辩论对手，模拟真实的辩论场景，帮助小明准备反驳意见和支持论点。

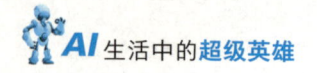

场景二：与陌生人对话

在陌生人面前小明常常不知如何开口。AI 可以模拟一场友好的陌生人对话，教小明如何用礼貌的语言表达自己的观点，同时学会倾听他人。

团队协作也能"开挂"

在团队合作中，AI 是一个无比强大的助手，它可以帮助你和小伙伴们分工合作，让每个人都发挥所长。

任务分配：AI 会根据每个人的特点和擅长领域进行分工。比如，乐乐擅长设计，就负责 PPT 制作，而小明负责数据分析。

实时同步：小伙伴们可以在 AI 协作平台上同时编辑 PPT，不用再担心版本冲突。

提醒功能：AI 会定期提醒大家按时完成任务，确保项目进展顺利。

总结 AI 在沟通与协作中的三大优势

1. 信息整合更高效：快速抓住重点，节省筛选时间。

2. 表达更自信：通过模拟情境和反馈，帮助提升语言能力。

3. 团队协作更有条理：任务分配清晰，沟通顺畅。

第三章 学习和生活的 AI 魔法

任务卡 用 AI 完成团队任务

尝试和同学们用 AI 完成一个团队报告：
1. 用 AI 搜索并整理相关资料。
2. 用 AI 生成初稿，节省时间。
3. 每个人在 AI 协作工具上修改自己负责的部分，并实时同步到最终稿件中。

2 用 AI 探索世界——你的全球视野指南

一次"AI 旅行"

一个阳光明媚的周末上午，小明正在客厅里摆弄地球仪。他一边转动地球仪，一边好奇地问爸爸："爸爸，世界上有多少个国家呀？每个国家的人都说什么语言？"

爸爸放下手中的书，笑着回答："目前世界上有 190 多个国家，每个国家的语言和文化都不一样。比如日本说日语，法国说法语，美国说英语……"

小明停下转动的地球仪，指着南美洲的巴西说："这是美洲的一个国家吧？这个地方的人喜欢吃什么呢？"

111

爸爸笑了："你想了解的东西可真多啊！不如我们用 AI 完成一次'环球旅行'，你可以随时了解每个国家的语言、文化和风俗。"

说着，爸爸拿起平板电脑，打开了一款 AI 翻译和文化学习工具。界面上显示出一幅可以互动的地图，小明立刻被吸引住了。他迫不及待地点击巴西，接着，屏幕上跳出了一段有趣的文字：

> 语言：巴西的官方语言是葡萄牙语，比如"你好"是"Olá"。
>
> 文化：巴西以狂欢节和桑巴舞闻名，节日里大家都会穿着色彩鲜艳的服装跳舞。
>
> 美食：巴西烤肉（Churrasco）是当地的特色，和黑豆饭是绝配。

"哇，原来巴西这么有趣！再看看非洲吧！"小明兴奋地点击了非洲地图上的埃及，屏幕立刻展示了埃及的特色：

> 语言：埃及人主要说阿拉伯语，"你好"是"Marhaban"。

> 文化：金字塔和木乃伊是世界闻名的奇迹，其中金字塔是古埃及法老的陵墓。
>
> 美食：埃及烤饼和鹰嘴豆泥是日常主食，简单又美味。

"这简直比看电视还好玩！"小明兴奋地说，"爸爸，我们再试试欧洲的国家。"

爸爸点开法国，小明惊喜地发现，屏幕不仅展示了文字，还播放了一段法语的问候语："Bonjour! Bienvenue en France!（你好！欢迎来到法国！）"小明也跟着学了一遍。"AI 真厉害！"

"是啊，AI 就是你环游世界的小导游。它能带你了解每个国家和地区的语言和文化。"爸爸笑着说。

每次学习，小明都像在进行一场迷你文化探险，看到世界的多样性和魅力。

AI 翻译：语言不再是障碍

你可以试着用 AI 翻译工具学习一些简单的外语，快速掌握基本的日常用语，一些 AI 工具还能实现"实时对话"。

旅行情景：你在旅游时遇到一个当地人，想要问路，你可以直接向实时翻译的 AI 工具说出你要问的话"请问火车站

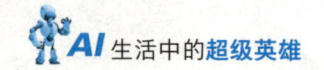

怎么走"，AI 会立刻把它翻译成当地人的语言并播放语音，比如英语的话就是："How can I get to the train station？"

点餐情景： 如果你戴上一副 AI 翻译眼镜，在罗马的一家餐厅里面，服务员正在给你介绍他们的特色菜，AI 翻译眼镜会将对方说的意大利语同步翻译成中文显示在你的视野中。

所以，AI 就是你的随身翻译机器人。

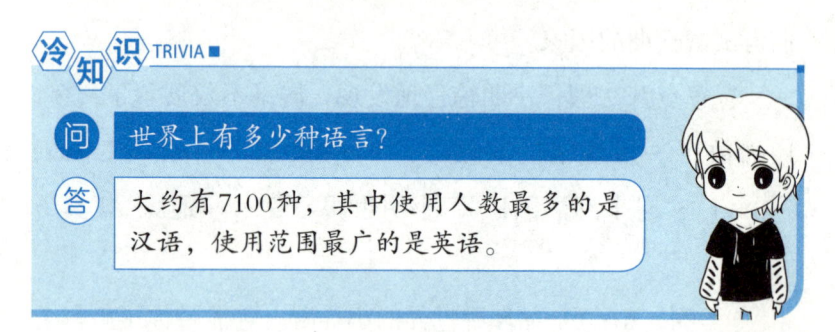

冷知识 TRIVIA

问：世界上有多少种语言？

答：大约有7100种，其中使用人数最多的是汉语，使用范围最广的是英语。

AI＋AR：虚拟旅行之"地球探索"

现在有一些智能地球仪搭载了 AI 人机语音互动功能，戴上 AR（虚拟现实）或 VR（增强现实）设备，我们就可以"参观"多个著名景点：

◎巴黎埃菲尔铁塔：仿佛置身塔顶，俯瞰整个巴黎。

◎埃及金字塔：进入金字塔内部，看到了精美的壁画和石棺。

◎中国长城：体验一次"徒步长城"，感受其宏伟与壮丽。

谷歌地球也因为 AI 扩展了许多功能，当你选择南极洲，屏幕上立刻显示出南极冰川的高清卫星图像，放大画面可以看到企鹅的栖息地，还会弹出关于企鹅生活习性的科普信息，比如它们如何保暖和如何捕食。选择探索埃及金字塔，AI 会结合历史数据展示金字塔内部的 3D 结构，并用语音讲述古埃及法老的故事。

由于 AI 技术的发展，一些地图导航软件，也搭载了许多新功能，比如：

◎沉浸式视图：探索 3D 路线，感受周围环境真实预览，"亲临其境"地感受全球各地的街头风光，让出行更轻松。

◎ AI 驱动的照片搜索：通过数十亿社区共享照片，快速找到你需要的地点信息。

你甚至可以向地图软件询问这个地方附近有什么推荐的饭店或者音乐厅等，提前做旅行攻略。

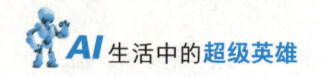

> **任务卡** 用 AI 探索世界
>
> 挑战 1：学会三种或者更多语言的问候语，和同学们比赛谁能用更多语言打招呼。
>
> 挑战 2：和同学或者朋友举办一场 "AI 文化之旅"，每个同学用 AI 工具学习一个国家的语言和文化，并用 PPT 展示给大家。

3 AI 编程：你的编程启蒙老师

小朋友们，编程听起来是不是很高深？需要学习很多难懂的代码？确实，以前学编程需要很长时间，还得靠经验的积累，但现在用 AI 就可以快速上手。

适合你们的编程工具有很多，比如 Scratch 或者 PythonTutor。它们就像一款编程小玩具，能通过简单的操作让你了解编程的基本逻辑，还会根据你的水平推荐适合的编程任务，比如设计一个小游戏（可以翻到本书最后的《简单的 AI 编程入门指南》详细了解一下）。

如果程序有错误，AI 会告诉你问题在哪、如何改正，不用担心因为一个小错误，程序运行就卡住了。如此一来，编程变得像拼积木一样好玩!

在美国,有一个小姑娘从没写过一行代码,但她用 AI 对话的方式,只花了几个小时就做出了一个能和哈利·波特互动的网站!这就是 AI 的魔力,它能让你不用费劲学习复杂的电脑语言,只需要用自然语言对话就可以完成编程。

> 未来,比起传统的 IT 人才,我们更需要的是 AI 人才!这类人才需要有整体思维,不仅能写代码,还要能设计产品,并用 AI 配合各类软件完成它。

4 AI 灵感引擎——激发你的无限创意

你有没有想过,AI 可以是你的音乐老师、绘画指导,甚至是写作启发师,它能让你的创意飞得更高、更远!

学音乐

不知道一首歌的曲谱?直接问 AI!它可以帮你找到这首歌的五线谱,告诉你节拍和和弦是什么,还能教会你"哆瑞咪"的基本乐理。想了解音乐的历史?直接问 AI!它能告诉你不同音乐流派的起源,比如爵士乐是从哪里来的?古典音

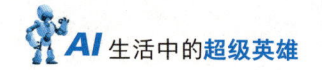

乐为什么让人放松？

在练习乐器时，AI 还能像一个温柔的老师，提醒你"这一小节有点快了哦，可以慢一点"，一步步提升你的演奏水平。

学绘画

没学过画画？没关系！你可以告诉 AI："帮我生成一幅简笔画供我模仿——一个穿蓝裙子的小女孩，在星空下跳舞，旁边是一望无垠的大海。"AI 会马上帮你生成一幅简单的手绘线稿！

看了 AI 生成的图片，如果觉得有些地方不满意，还可以进行细节微调，让画作更符合你的想法。

最棒的是，AI 可以教你构图和用色的技巧，让你对艺术有更多的理解。通过 AI 的辅助，我们不仅能把自己的想象变成画面，还能在修改和创作中培养艺术的审美能力。

学写作

如果你想写一首诗，却不知道怎么开始，可以请 AI 帮你写出第一段。比如它会告诉你："在繁星满天的夜晚，一颗流星划过，带着我的梦想飞向远方。"你可以接着这段文字，继续发挥自己的创意。

如果你想写一篇冒险故事，AI 可以给你提供一个故事开头，比如它会告诉你："在一个神秘的森林深处，有一只小狐狸发现了一本古老的魔法书⋯⋯"然后你可以接着写下去，加入更多的情节和细节，让故事变得更加精彩。

AI 就像是给你搭好了一个底座，你需要在这个底座上建造属于自己的艺术"高楼大厦"。如果你想立刻知道 AI 如何具体帮助我们进行艺术创作，也可以直接看第五章第一节的内容。

AI 帮你制订健康计划，让运动变得有趣

全面发展不仅包括学习掌握知识，也包括身心健康！运动能让人更坚韧、更自信，而 AI 能成为你的健康小教练。

量身定制运动计划

你可以对 AI 应用说："请帮我设计一套适合 11 岁小学生的、10 分钟的室内锻炼计划。"AI 会根据你的需求，提供适合的运动，比如平板支撑、开合跳等。如果不喜欢跑步，也可以告诉 AI，它会推荐其他好玩的运动方式。

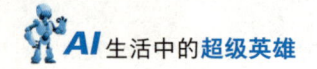

记录进步并激励你

运动过程中，AI运动手表会帮你记录数据："今天跳了500下绳！"它还会根据表现奖励你，比如："今天超额完成，可以奖励自己一小块巧克力哦！"

睡眠追踪

AI应用可以记录并分析你的睡眠时间，提醒你晚上10点前上床休息。缺觉时，它会温馨提示："明天还有重要任务呢，早点休息保证充足精力。"

规划户外运动

如果明天你计划和小伙伴去爬山或者公园玩，不妨提前问AI一个问题："明天的天气怎么样？我住在这里，能不能告诉我适不适合出去玩？"AI会根据你的位置和计划告诉你天气状况，还会建议你要不要带伞、是否穿冲锋衣，甚至提醒你做好防晒措施。

自律不是时刻紧盯时间，而是制订合理的计划并坚持执行。AI就像你的时间管理员，随时为你调整节奏，让你的每一天都过得充实又快乐。

第三节
AI 让我们的生活更便利

上一节我们聊到了 AI 是怎么帮助我们学习和实现全面发展的，可能你会好奇，它还能为我们的生活做些什么呢？这一节，我为大家总结了七个非常实用的、通过 AI 变得高效的生活场景，从时间管理、收纳整理到解决应急问题，AI 像一位全能的生活小帮手，总能在你需要的时候出现，帮你化解生活中的小麻烦，同时提升生活的效率和乐趣。让我们一起来探索吧！

1 让 AI 帮你抓住流逝的假期！

小朋友们，你们是不是也有这样的感觉：假期刚开始时信心满满，计划要做很多事，但一到假期结束就后悔没来得及全部完成？AI 可以帮你管理时间，让你既能完成任务，又能有充足的休息和娱乐时间。

AI生活中的超级英雄

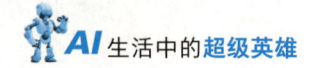

> 假期计划轻松定制

假设你有两天假期,既要完成作业、做家务,还想出去玩、学点新技能,该如何安排呢?

很简单,打开AI时间管理工具,把所有任务告诉它,比如:

◎ 必须完成的任务:完成作业、整理自己的房间。
◎ 想做的事情:和朋友出去玩、看电影。
◎ 可做可不做的事情:玩电子游戏。

几秒钟后,AI会生成一份详细的计划表,优先安排重要任务,并为你留出放松时间。例如:

◎ 上午:整理房间;完成数学作业。
◎ 下午:与朋友一起去公园玩。
◎ 晚上:预习功课;看一部电影。

> 时间追踪与反馈

在你完成一天任务后,AI会生成一份"时间使用报告",告诉你每个任务实际花了多长时间。

如果数学作业原计划 1.5 小时完成，但你用了 2 小时，AI 会提醒："专注力下降，请减少分心。"

如果游戏时间超出计划 15 分钟，AI 会建议下次控制好娱乐时间。

AI 帮你培养下厨新技能

你有没有试过学做饭？AI 会像一位超级厉害的教练，可以帮你从零开始，把兴趣变成拿手绝活！

2024 年我在加拿大读书时，发现那里饭菜特别贵，一盘鱼香肉丝居然要 29 加拿大币（大概等于 146 元人民币）！于是我决定学做饭，而这个本领可不是天生的——是 AI 教会我的。

比如你想给妈妈做一顿早餐，但从来没试过，可以问 AI："请帮我设计一个不用开火的 5 分钟内可以完成的早餐。"AI 会生成一个"香蕉酸奶杯"制作清单：

◎把一根香蕉切片，放到碗里。

◎倒上一层酸奶，再撒一些坚果或葡萄干。

◎把美味的早餐端给妈妈，看她有多开心！

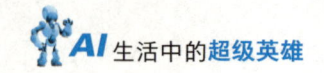

不过，在操作之前，你需要向 AI 请教厨房安全知识，比如切菜时要注意什么，也可以通过 AI 生成的动画学习安全规则。

另外，AI 工具还能帮你利用不同的食材生成创意摆盘建议，比如教你用三种颜色的蔬菜拼成笑脸，甚至还会告诉你为什么蔬菜有不同的颜色、为什么面包加热会变色，你还能在后面的过程中学到不少营养知识、物理知识。

智能储蓄计划——AI 帮你培养财商

如果你有零花钱或压岁钱，别急着花光光！AI 智能储蓄罐可以帮你制订一个储蓄计划，让你轻松实现攒钱小目标。

如何制订存钱目标

告诉 AI："我想存 50 元买一只玩具熊。"AI 会计算出合理的存钱计划，比如每周存 10 元，5 周内就能存够。

可视化储蓄进度

储蓄罐的屏幕上，AI 会生成一个可爱的动画：1 元硬币是戴厨师帽的面包师，5 元纸币是背着书包的学生。当你坚持存钱 30 天，动画里的村庄就会出现冰淇淋车站；存满 100 天时，整个村庄都会为你放烟花庆祝。

> 存钱小奖励

完成目标后，AI 会为你设计一枚虚拟勋章，或者生成一个戴皇冠的你的虚拟形象，奖励你坚持存钱的好习惯。

4 AI，你的宠物小管家

如果你家里有猫咪、狗狗，或者养了小乌龟、小金鱼，AI 也可以成为你的宠物小管家，帮你照顾这些可爱的"小伙伴"。在 2025 年的拉斯维加斯国际消费类电子产品展会（简称 CES）上，我看到很多 AI 和宠物的结合，比如，AI 喂食器能按时喂宠物，AI 逗猫棒可以发出猫咪喜欢的声音，还有一些 AI 翻译器可以把狗狗的叫声转成人类语言，让你和宠物直接对话！

如果你觉得这些设备还需要时间去实现，也没关系，现在你就可以用 AI 来照顾你的宠物，比如：

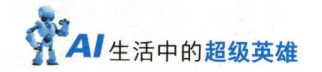

◎**定时提醒**：你可以告诉 AI "每天晚上 6 点提醒我喂猫粮"或者"每周六上午提醒我给小乌龟换水"，这样 AI 就能提醒你按时完成照顾小伙伴的任务。

◎**健康管理**：你可以问 AI "我的狗狗应该多久洗一次澡"或者"这盆绿植多久需要浇一次水"，AI 会根据科学方法给你答案，让你成为更专业的小管家。

◎**训练宠物**：想教狗狗握手或者坐下，可以询问 AI "如何设计一个简单的狗狗训练计划"，AI 会告诉你每一步应该怎么做，什么时候奖励狗狗零食，如何让训练变得更高效。

除了照顾宠物，AI 还能帮你养植物！你可以告诉 AI 你家绿植的名字，并问它"我的植物需要施什么肥"。AI 会帮你列出浇水和施肥的时间表，甚至告诉你一些小技巧，让你的植物长得更茂盛。

有了 AI 的帮助，你不仅能更好地照顾宠物和植物，还能学会安排时间和培养责任感，让自己成为一个超级小主人！这是不是很酷呢？赶快试试看吧！

AI 互动游戏坊：边玩边学知识

假如家里来了几位小伙伴，但外面下着雨，没办法出去玩，怎么办？这时，你可以试试让 AI 帮你设计一个创意互动活动，让居家时光变得充满乐趣和收获！

> 策划互动小游戏

你可以对 AI 说："我和两个朋友在家，请推荐一款适合我们的互动游戏，游戏时间为两个小时。"

AI 会根据人数和兴趣推荐各种有趣的活动，比如：

◎创意绘画接龙：每人画一部分，一起完成一幅有趣的画作。

◎故事接龙闯关：结合剧情和挑战，每个人续写故事并完成任务。

如果想更具创意，你还可以告诉 AI 你的游戏目标，比如锻炼脑力或增进团队协作能力。AI 会为你定制独特的游戏规则，比如：

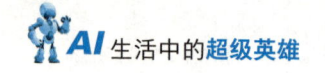

◎数学陷阱:茶几上有12块饼干,每次只能吃1—3块,和朋友用石头剪刀布对决,赢的人决定吃几块,谁吃到最后一块要跳"求饶舞"!

无论是互动游戏还是学习型娱乐,AI都能根据你的需求快速给出建议。下次朋友们来家里玩,不妨让AI成为你们的专属活动策划师,让每一刻都充满乐趣和意义!

AI可以帮助你整理和收纳

想象一下,爸爸妈妈出门前留给你的任务是把家里整理干净。面对乱糟糟的房间,你可能一脸茫然,不知道从哪里开始。别担心,AI可以成为你的"收纳师"。

你可以告诉AI:"我想把我的书房整理一遍,让它变得整洁,能给我一些具体的步骤吗?"AI会给出详细的指示,比如:

◎把书桌上的东西分成需要和不需要两类,不需要的放进柜子或丢进垃圾桶;

◎把玩具放回储物盒；

◎先擦桌子，再清理地板；

◎把脏衣服放进洗衣篮，叠好干净衣服放进衣柜；

◎最后检查一遍房间，确认所有东西都归位了。

如果你觉得需要更有针对性的建议，可以拍张房间的照片发给 AI，并问："我的书桌该怎么整理？"AI 会根据图片上的信息归纳出专属的整理建议。整理完成后，别忘了拍一张"成果照"，和之前杂乱的房间对比一下。看着干净整洁的房间是不是心情也变得更好了？

7 AI 是你的应急小助手

生活中总会有一些突发的小状况，比如水管突然爆了、桌上的墨水打翻了，或者衣服上沾了油渍。这时候，如果你不知道该怎么办，AI 就是你的"紧急求助热线"。

比如有一次，我的一个朋友的孩子遇到了家里水管爆裂。当时他才 11 岁，爸爸妈妈又不在家。他赶紧拿起手机拍了一张厨房水漫金山的照片发给 AI，并喊了一句："紧急事件，我

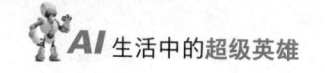

该怎么办？"AI 立刻建议他先找到水闸并关闭总闸，然后打电话向爸爸妈妈要小区物业的维修电话，联系物业上门维修。这位小朋友照做后，成功避免了更大的损失。

AI 甚至还会提供一些"生活妙招"，比如用橘子皮擦桌子可以去油渍。原来这些知识可能需要请教有经验的老人才行，而 AI 通过大量的知识积累和不断更新，能给你更准确、更科学的建议。所以，当生活中遇到类似的小麻烦时，不妨打开 AI 问问它。

以前我们觉得 AI 是冰冷的机器，但它现在已经像朋友一样融入了我们的生活。它不是一个遥不可及的超级英雄，而是用自己的智慧让你的生活变得更有趣、更高效的"隐形小管家"。

有了 AI，你的小世界会变得越来越大，因为它会帮助你在成长的路上发现更多可能。

第四节
个性化 AI：你的超级助理

这一节，我想和你聊聊——如何让 AI 成为你的"超级助理"？因为 AI 有一个更大的魔法，那就是——个性化，换句话说，当你和 AI 建立足够的交流，喂给它足够多的信息，AI 甚至能比你更了解你自己！

在过去，个性化这件事情可不是谁都能享受到的，因为它需要花费很多人力和资源，但现在有了 AI，每个人都可以拥有属于自己的"私人助理"，让自己的生活变得更加轻松、有条理。接下来我们一起进入和 AI 交流的奇妙世界，去探索一下吧！

1. AI 可以帮助你找到你的兴趣

很多同学都会有这样的感觉——我好像什么都喜欢，但又好像没有特别喜欢的。这种感觉很正常，因为我们还在探索自己的兴趣，而这正是 AI 能够帮助你的地方！

试着问 AI 一个问题："帮我测试一下，我适合什么样的兴趣爱好？"它可能会用一些简单的问题来了解你，比如："你喜欢动手还是喜欢听故事？你更喜欢运动还是更喜欢安静？"随着你不断地回答，AI 会生成一份兴趣报告，比如"你可能对地理、物理或者化学感兴趣。"别担心，这个报告不一定百分之百准确，但它至少能给你一个方向，让你知道现在可以试试什么。

有了这份报告之后，你还可以继续问 AI："我想学一个新技能，你觉得我可以学什么？" AI 会根据你的年龄、掌握的知识以及你的兴趣方向，推荐一些有趣的内容，比如学习宇宙知识、写一篇科幻故事。如果你对这些建议还不太满意，你还可以继续提问："我想尝试更新鲜的东西，还有什么推荐吗？" AI 会耐心地问你更多问题，比如你的性格、过去的经历，然后给出新的建议，比如学习书法、做科学小实验等，让你从不同的角度接触新的领域。

如果你还是不知道该从哪里开始，你还可以让 AI 设计一个兴趣挑战周！它每天都会为你安排一个小任务，比如：

◎ 第一天：画一幅简单的风景画。

◎ 第二天：写一篇以自己为主人公的冒险故事。

◎ 第三天：拼一个乐高模型。

◎ 第四天：学习两三个天文小知识。

◎ 第五天：做几道脑筋急转弯题。

第三章　学习和生活的 AI 魔法

通过这些任务，AI 会一点一点地帮你找到自己真正喜欢的东西。你会发现，原来兴趣是这样一点一点被挖掘出来的！

2 AI 可以帮你一步一步靠近梦想

梦想听起来很大，有时候让人不知从何开始。还记得老师常说的那句话吗？"把梦想拆解成小目标，一步一步去实现。"以前要靠我们自己慢慢摸索，但如今的 AI 可以像一位知心大哥哥一样，帮你把梦想清晰地拆分出来，让一切都变得有方向。

假设某一天，你对 AI 说："我想成为像凡·高一样的画家，但不知道从哪里开始？"你可能会得到一个"小凡·高成长计划"，AI 已经把你的梦想分成可以一步步完成的小目标。

第一步：成为"眼睛魔法师"。

每天放学路上，把眼睛变成"超级照相机"偷偷观察。回家后立刻用铅笔将这些画面画在"魔法速写本"上。

◎夕阳把云朵染成橘子酱的颜色。
◎同桌小美笑起来的嘴角弧度像月牙。
◎风吹动树叶时，叶尖跳动的光斑像小精灵在眨眼。

AI 生活中的超级英雄

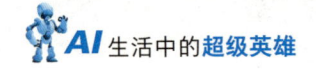

第二步：开启"颜料冒险岛"。

周末请妈妈带你去文具店，选一盒24色水彩笔当作"彩虹宝藏"。每周完成一个颜色任务。（悄悄说：凡·高哥哥当年也这样玩色彩实验哦！）

◎红色周：只准用红色画所有东西！试试把苹果涂成火焰红，把天空画成草莓酱。

◎蓝色周：用棉签蘸蓝墨水画雨滴，把猫咪胡子染成蓝丝带。

第三步：学习"笔触咒语"。

看！凡·高的《星空》里藏着好多神奇笔触，请你每天在旧报纸上练习5分钟。

◎旋转笔触＝用画笔跳圆圈舞（蘸颜料后边转手腕边画）。

◎点状笔触＝让笔尖像小鹿般轻快踏过雪地（快速点戳画纸）。

第四步:种植"向日葵日记"。

在窗台种一株真正的向日葵,每天用不同方法记录它,等花开那天,你会拥有属于自己的《向日葵》系列画册!

◎周一:用手指蘸颜料印花瓣。
◎周三:把花瓣夹在字典里做标本。
◎周五:用蜡笔拓印叶脉纹路。

终极任务:举办"卧室美术馆"。

每月最后一个周末,把画作贴在客厅墙面展览。

我还记得我曾经教过一个学生,他的梦想是写一本侦探小说,但他不知道怎么启动写作计划。在过去,他可能需要报名写作班,去上培训课程,但现在,他只需要打开 AI。首先,AI 会帮他确定主角,比如设计一个既聪明又有点调皮的小侦探;接着,AI 会引导他思考角色的背景和性格,比如主角最喜欢的探案工具是放大镜;然后,AI 会引导他设计案件,比如"消失的宝石案";最后,AI 会帮他写一个简单的、有悬念的开头。这位学生最终在 AI 的帮助下,一步步写完了整

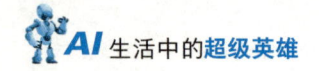

本小说。

记住一句话——以终为始。

> 想象你的梦想终点是什么：成为画家、写一本小说、学会一种新技能……然后让 AI 帮你从终点倒推，无论你的梦想是什么，AI 都会是那个陪着你前行的伙伴，帮助你慢慢走向更好的自己。

AI 能帮你规划未来

未来听起来像是很遥远的事情，但其实它离你比你想象的要近得多。假设有一天晚上，你对 AI 说："我想成为一名科学家，但我不知道科学家每天都在干什么。"AI 会像讲故事一样告诉你："科学家可能上午在实验室里观察细胞，下午开会讨论怎么研究新药，晚上还得整理实验数据。"它甚至会告诉你科学家最大的乐趣以及工作中会遇到的挑战。听完这些，你就会对科学家的生活有一个初步的了解。

更棒的是，AI 还会鼓励你尝试参与和你未来想从事的职业相关的小活动。比如，你说自己想成为医生，AI 可能会建议你去参观人体解剖相关的博物馆；如果你对天文学感兴趣，AI 可能会推荐你晚上观察星空，教你认星座。通过这些小尝试，你会逐渐发现自己未来适合做什么。

当然，有些职业乍一看很光鲜，但当你深入了解后，可能会发现并不是那么回事儿。我的一个朋友以前特别想当兽医。AI 建议他去兽医诊所实习，结果他发现自己对猫毛过敏，每次接触猫都会打喷嚏。他很伤心，但也因此明白兽医并不适合自己。

以前，如果你想了解未来的职业，可能需要老师或者职业规划师帮忙。但 AI 让这一切变得简单了，它不仅懂你，还能通过你的回答，推荐最适合你的职业方向。最重要的是，它能帮你记录下每一次尝试和调整，随时为你出谋划策。

未来是什么样子？没有人知道，但只要你愿意尝试，AI 会陪你一起探索。它会鼓励你多发现、多体验，用自己的双手和双脚，找到属于自己的路！

4 AI 和你之间独特的*情感*

现在有很多 AI 被设计成毛绒玩具或小机器人，因为随着和它的交流越来越多，你会发现这个"AI 朋友"真的很懂你，它会记住你喜欢什么、不喜欢什么，甚至渐渐能感受到你的情绪变化，提供更加贴心的陪伴。

想象一下，当你今天在学校过得不太顺心，回到家抱着你的AI毛绒玩具，对它说："我好累，今天过得好糟糕。"它会用温暖的声音告诉你："你已经很棒了！每个人都会有这样的体验，你可以说说今天发生了什么吗？"然后它会耐心地听你讲为什么累，是因为一道数学题太难，还是因为跟朋友闹了点矛盾？它会根据你说的话，帮你调整情绪，比如说一些安慰你的话，或者建议你听一首轻松的音乐放松一下。

你有开心的事情想分享，它也会很乐意倾听。比如你兴奋地告诉它："今天我的英语考试考得很好！"它会说："哇，太棒了！要不要给自己一个小奖励呢？"它甚至可以帮你记录下这一天的好心情。到了每周的最后一天，它还能生成一份"成长报告"，告诉你这一周里哪些地方进步了，哪些地方可以继续努力。

这样的AI是不是很酷？它懂你的情绪，还能陪你度过孤单的时光。它不只是一个工具，更是一位能倾听你的心事，陪你一起笑、一起哭、一起努力的小伙伴。这一节我们就说到这里，期待你和你的AI朋友一起创造更多的精彩！

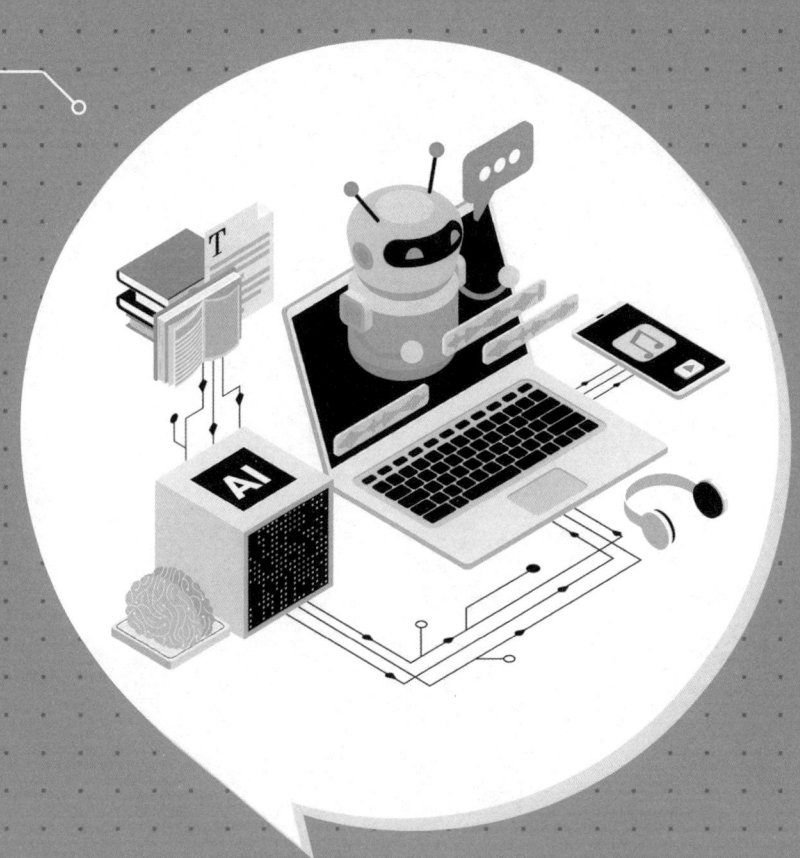

第四章
AI 未来的探索

第一节
探索未来的 AI 学校

AI 时代,想象力和创造力是最重要的能力。这一章,我想带着你一起畅想——未来的校园、未来的职业以及未来的 AI 世界是什么样子的。让我们从一个小小的想象开始吧!

早晨,你慢悠悠地醒来,天已经大亮了。你惊讶地发现今天没有"上学迟到"的压力,因为未来的学校并没有固定的上课时间。你洗漱完毕,吃了一顿美味的早餐,然后走进了一所奇特的"学习中心"。这里和你想象的学校完全不一样——没有几十个同学,没有固定的班级和课桌,也没有每天点名的老师。

取而代之的是一个巨大的空间,每个角落都有不同的学习区。最特别的是,每个人的课程表都不一样!这张课表是 AI 根据每个人的兴趣和学习进度定制的。比如,有的同学喜欢天文学,课程表里就多了一些关于星空和宇宙的内容;而你可能对艺术感兴趣,所以课程表上多了一些绘画课和音乐课的安排。

更神奇的是,你发现这里的学习时间是灵活自由的。这

AI 生活中的超级英雄

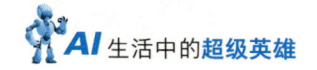

个学习中心的目标是让每个孩子按照自己的步伐前进,而不是被"统一的节奏"束缚。

你环顾四周,发现并没有传统意义上的老师。每一张桌子上都有一台台式电脑或者平板电脑,屏幕上显示的是"AI 导师"。AI 导师会微笑着对你说:"你好呀,今天我们是学数学,还是画一幅新的作品?或者,我们一起去探索宇宙的秘密?"

你会惊讶地看着屏幕,心想:"太好了,我可以随心所欲地学我想学的东西,再也不用被考试和题海困住了!"但你也可能在心里犯嘀咕:"没有了固定的同学和老师,这种自由的学习节奏好像让我有点迷茫。"

无论你觉得太好了,还是有点"不习惯",这都很正常。因为未来的学校很可能会让每个孩子成为学习的掌控者,按照自己的兴趣去学习最适合自己的东西。而这一切,都有 AI 在背后默默支持着。

> 想一想,如果有一天你真的进入了这样的学校,AI 导师问你:"今天想学点什么?"你会怎么回答?你会选一门你感兴趣的课程吗?还是会说:"我还没想好,能不能先帮我安排一下?"

下面,我们就来想象一下未来校园的具体面貌吧!

学习不再被**时间**和**地点**所限制

未来的学校不再有固定的教室,而是一个随时随地都能接入的学习中心。想象一下,就像你现在在看这本书,未来这些内容都可能上传到云端,你只需要一个屏幕,一根网线,无论在家里、图书馆,还是在公园,都能开启学习模式。你不需要再早起赶路,拘泥于传统的"上学时间"。

假如你今天早上想睡个懒觉,没问题!学习中心全天开放,可以在下午精神饱满的时候再开始学习。没有了固定的寒暑假安排,你可以自由选择学习的节奏。如果你觉得自己已经掌握了某一门课程的基础部分,也可以直接学习更高阶的内容。如果觉得掌握得很充分了,需要拓宽一下视野,也可以休学一段时间出去旅游,等旅游回来再继续学习。

也许你会问:"老师跟我的时间不统一怎么办呢?"没关系,因为未来的优质课程都已经被上传到云端,AI 老师的教学不会受时间和地点的限制。更有趣的是,你可以选择自己喜欢的 AI 老师的声音,有的老师声音温柔,有的老师风趣幽默。

不仅如此,学习中心的资源是全球共享的!假如你在牛津大学上了一门课,这门课的学分也可以被你所在的北京大

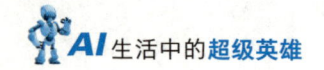

学认可。这意味着未来的学习不仅自由，还能打破学校的界限，真正实现另一个意义上的"学无止境"。

更酷的是，未来学校会推行"混龄教育"。你可能会和比你大的同学一起上课，从他们身上学到更多知识，你也可以学着帮助比你小的同学进步，锻炼你的领导力。

2 拥有自己的专属课程

你还记得上课的时候，明明觉得某个老师讲得很枯燥，却只能硬着头皮听下去吗？或者某些学科你实在提不起兴趣，但又无可奈何。

未来这些可能都不是问题了！未来学校里可能没有固定的教材，你不会再被统一的课本框住想象力。AI 会根据你的兴趣和目标，为你设计一套独一无二的学习计划。除了基础课程，AI 会为你安排更多你喜欢的课程，让每一天的学习都充满乐趣和成就感。

AI 还能根据我们的水平定制课程进度，如果你背诵英语单词很快，AI 可能会把更多时间放在更高级的语法学习上。更厉害的是，AI 学校会利用数据驱动学习，随时调整课程内容和难度，让每个同学都能获得适合自己的学习方案。比如，数学不太好的同学，AI会用游戏化的方式帮你反复练习，直到你掌握为止；如果某道题目做错了，AI会帮你找出原因，并提供类似的题目进行巩固练习。每周，AI还能生成成长报告，让大家都能清楚地看到你在学习上的进步。

未来，还会有许多你现在可能没听过的课程。比如：

◎教你学会图形化编程工具的人工智能与编程基础课。

◎结合肢体语言、灯光科技和即兴表演的戏剧课。

◎模拟经营、培养经济思维的基础财商课。

这种结合了个性化、数据化的学习模式，不仅能培养你的知识能力，还能让你学会如何解决实际问题，真正为未来做准备。你可能会发现自己越来越喜欢这样的学习节奏，每天不仅学到了知识，还能探索更多新奇的领域。

3 学习方式变得更丰富、更安全

未来的学习将会告别枯燥乏味的课堂，有了科技的加持，每一节课都会像一场奇妙的冒险。想象一下，通过全息投影，你可以"穿越"到不同的历史时期，亲眼看到秦始皇当年如何指挥修建长城，看到成千上万的工匠如何辛勤地工作；或者直接"潜入"海底，观察五彩斑斓的珊瑚礁和各种在你面前游动的海洋生物。

更棒的是，AI 老师还会用 VR 技术，让你体验艺术家的创作过程。比如你可以看到凡·高如何画《星空》，甚至有机会"穿越"到古埃及，去学习那里的建筑艺术。

在未来的 VR 实验室里，科学课也会变得更加安全和有趣。比如，在生物课上，你可以用 VR 技术解剖一只虚拟青蛙，不仅真实又生动，还不会有任何不适感，也不用害怕弄脏手或者被锋利的刀具划伤。

化学实验也一样，你可以在 VR 实验室里点燃酒精灯，观察化学反应，甚至大胆尝试那些以前在现实实验室中不敢做的危险的实验，而一切都在可控范围内。

总之，科技会让学习方式变得更加身临其境，每一堂课都像一场精彩的冒险，不仅让你学到知识，还能让你感受到学习的乐趣和探索的成就感。

④ AI 学校更注重**综合素质**的培养

在传统的学校教育中,我们往往会被考试和分数定义。但在 AI 学校里,教育的核心不再是做题,而是以<u>综合素质的培养</u>为目标。AI 学校采用的是<u>项目制学习</u>,这种学习模式以一个个真实的项目为核心,把不同学科的知识融合在一起,让你在完成项目的过程中全面成长。

比如,你想设计一座智能环保城市,AI 会根据项目的需要为你定制学习内容,你可能需要学习科学知识来规划环保能源,也需要学习艺术知识来设计美观的建筑,甚至还要学习社会学知识,来考虑如何让城市更加宜居。这些学科看似毫不相干,但在一个具体的项目中,它们都变得息息相关。再比如,在与海外学校连线合作完成的跨文化交流"全球水污染防治"项目中,你会运用到地理知识、英语对话能力、模型制作能力、协作能力。

> 项目制的学习方式,让你的每一节课都能和实际需求紧密联系,避免了"学了很多却用不到"的问题。

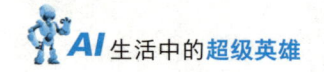

更棒的是，AI学校评价学习成绩的标准不再是单纯的试卷分数，而是基于你在项目中的表现和贡献。比如，你参加了城市交通路线设计项目，AI会记录你的参与程度、完成质量，综合给出一个客观的评分。这种方式不仅公平，还能让你在完成真实任务时，感受到知识的实际意义。

项目制学习的另一个亮点是能激发我们的跨学科学习兴趣。理科生可以选修历史和政治，文科生也可以挑战物理和化学。以终为始的学习方式，让每一门课程都有了实际的用处，不再是单纯为了考试而学。

此外，AI学校里的社交模式也更加丰富。AI学校会通过虚拟社区和团队任务，帮助我们学会协作和沟通，而现实中的学校则提供交朋友和建立情感联络的机会。虚拟和现实的结合，让学习和成长变得更加多元。

> 未来学校最大的特点是让学习变得有趣、自由、充满可能性。无论你是喜欢文科、理科，还是对艺术、科技或者运动感兴趣，都能在喜欢的领域中成为更好的自己。

在未来，学习不仅仅是学生时代的事情，而是一生的事情。所以，我们不需要急匆匆地在18岁之前学完所有东西，也不必因为错过某门课程而感到遗憾。学习中心会一直在那里，当你已经进入职场很多年，但突然想提升某项技能，完全可以回来用知识重新武装自己。

> 学习，不再是一种压力，而是一种享受、一种生活方式。

这一切其实并不遥远，它正一步步从想象变成现实。你期待这样的学校吗？

第二节
未来的职业会变成什么样

AI：开启未来职业梦想的大门

同学们，你有没有想过未来自己会做什么样的工作？是科学家、医生、飞行员，还是现在热门的视频主播？这一节，让我们一起来畅想未来的职业，并看看 AI 技术会如何改变我们身边的每一个行业。

首先，我想告诉大家一个非常惊人的事实——

> 假如一个班有 50 个同学，未来可能会有一半甚至更多的同学，他们最终选择的职业，此时此刻都还没有诞生。

你想，现在我们看到有数以万计的主播在直播间卖东西，收入不菲。然而，过去的大学并没有"直播专业"。一些主播可能有播音主持的背景，但他们并没有学习过如何开直播、如何带货。所以,这个行业就是在"干中学"诞生的,是完全随着技术的发展而出现的。

在 AI 时代,也会出现类似的情况,传统职业被重塑,现在根本不存在的新职业将会出现。那我们是不是不用学习传统的基础知识了呢?当然不是!未来的职业无论怎么变化,基础教育依旧重要。

还是拿主播为例,他们需要在直播间流利表达,这背后靠的是语文基础;需要计算商品的价格、利润,这离不开数学。如果有一天出国直播,那一定还要学好外语。所以语文、数学、外语等基础学科仍然是学习和工作的基石。

更重要的是,AI 时代真正需要的是你的三大能力:持续学习能力、知识迁移能力、创新能力。这三种能力,会让你在未来的职业变化中始终占据优势。想象一下,当一个全新的职业出现时,你如何快速学习所需技能,并把已有的知识迁移过去呢?当你面对变化时,如何用自己的创新思维找到更高效的解决方案呢?这些问题,是 AI 时代的关键。

所以,同学们,当你在课堂上学习时不要觉得无聊。未来,这些知识都会以不同的方式帮助你开启职业梦想的大门。

> 在 AI 时代,每一个职业都有可能被重新定义,而你,最需要的是随时随地学习和适应的能力。

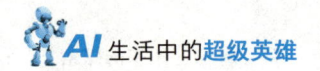

AI 带来的**职业多样性**

未来的职业可能会有两种变化。

我们先来说第一种，被重新定义的职业。比如现在的老师经常站在讲台上，给同学们一遍遍讲题。如果有一天知识都可以通过 AI 轻松获取，那"讲题"这种重复性的工作可能就不需要了。而老师也会有新的任务，比如帮助同学们解决更深层次的问题，培养大家的创造力。

农民的工作也会被 AI 改变，比如用无人机观察农田里的植物，看看哪儿需要多加点水，哪儿需要施肥，然后把数据传送给自动浇水施肥的机器。AI 还能告诉农民天气和土壤的情况，让种植变得又省力又高效，农民伯伯再也不用那么辛苦了。

再说说客服和零售人员这些岗位，AI 也能帮助他们完成简单的工作，比如回答顾客的问题、推荐商品，而人类可以专注于更复杂、有挑战性的事情。

第二种变化就是：一些职业现在还不存在，但未来可能会非常流行。我们看看下面几个例子。

AI 伦理师

这是一个非常重要的职业，AI 伦理师负责给 AI 制定行为准则，防止 AI 做出有害的决策。他们的工作是确保 AI 能够遵循正确的规则，比如避免传播偏见或者错误信息。还记得我们之前讲过的吗？AI 有时候会犯错，比如它可能会根据不完整的数据做出错误的判断。AI 伦理师的任务就是防止这些事情发生，确保 AI 始终对人类有益。

虚拟世界的设计师

这个职业听起来很酷吧？虚拟世界的设计师会利用 AI 和 VR 技术，创建一个你可以"走进去"的虚拟世界。如果你看过电影《头号玩家》，你就能想象到那种场景：戴上 VR 眼镜，你可以进入一个超级真实的世界，和朋友一起冒险、学习或者玩游戏。而这些奇妙的世界都需要虚拟世界的设计师来搭建。

AI 训练师

AI 需要学习，而教它学习的人就是 AI 训练师。他们通过输入数据、反馈结果，帮助 AI 不断改进，变得更加智能。比如，训练 AI 识别复杂的交通场景，让自动驾驶系统能够更安全地操控车辆。AI 训练师未来可能是非常重要的岗位，因为 AI 的学习速度和准确性很大程度上取决于他们。

AI生活中的**超级英雄**

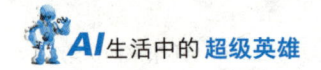

> **太空生态工程师**

这个职业听起来更像科幻电影里的工作，但未来可能会成为现实。当越来越多的火箭把人类带到火星，我们需要一个适合人类生活的环境。这时候，太空生态工程师就会利用AI技术设计外星移民的生态系统，比如建设火星上的农场，模拟农业种植环境，确保我们在火星也能生存。

除此之外，还有情绪计算专家、数据隐私守护者、AI管理顾问、AI艺术家，等等。这些职业现在听起来可能离我们很远，但未来它们很可能就会出现在我们的生活中。

AI不仅会让传统的工作变得更加高效，还会催生出很多全新的职业，而这些职业都需要人类的创造力、想象力和决策能力。

沉思角 THINKING ■

请你想一想，未来哪些职业会消失？除了上面说的，还会出现什么样的新职业？

超越传统职业的可能性

未来的职业会因为 AI 的加入而变得更加特别,也可能会彻底超越传统职业的边界。让我们一起看看它们的三大特点:

第一,没有边界的职业世界。

未来的职业可能没有我们现在熟悉的固定边界,你可以同时做好几份工作,这几份工作结合起来会变成一种全新的职业。很多职业不再受地域限制,你只需要一部手机和互联网,就可以完成工作。比如,现在哥哥姐姐们常说的数字游民,意思就是你可能人在中国,但能通过 AI 系统远程为非洲的农场提供种植建议;又或者,你在某个安静的咖啡馆里,完成一份为美国客户设计的动画方案。未来也不再需要固定的 8 小时工作制,只要能完成任务,工作时间可以灵活安排。AI 让我们摆脱了传统的工作方式,让职业的边界越来越模糊。

第二,AI 能帮助完成职业技能提升。

AI 会成为职业发展的助推器,它能够帮助各个行业变得更加高效和智能化。比如,医生可以通过 AI 模拟手术场景,练习复杂的操作;老师可以通过 AI 设计课程,满足学生的不

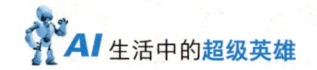

同需求；建筑师可以用 AI 寻找设计灵感……无论你从事什么职业，你都可以问自己一个问题：AI 能不能帮我简化我的工作？能不能把重复、枯燥的部分交给它完成？AI 会成为我们工作中的最佳助手，让我们有更多时间去挑战高难度的部分。

第三，"AI＋人类"将会是新的合作与创新。

未来的职业将会是"AI＋人类"的模式，人类专注于创新和决策，而 AI 负责处理大量的数据和重复性的任务。通过这样的合作方式，AI 和人类可以一起创造更多的奇迹。比如，AI 可以帮助科学家加速新药研发，也可以协助艺术家设计出令人惊叹的作品，但研究方向和灵感还是得人类来把控。

> AI 并不会取代所有的职业，它是来帮助人类的，而不是来替代人类的。它是我们的超级助手，能够协助我们完成很多事情，但它无法拥有我们的创造力和情感交流能力。

未来的职业就是这样，因为 AI 的加入变得更加丰富和有趣，它既能打破地域和时间的限制，也能帮助我们提升工作效率，更能与我们一起创造出前所未有的职业体验。

沉思角 THINKING ■

了解了那么多未来职业的可能性和特点,你觉得未来最需要的是通才还是专才?

4 未来**职业**的启示

未来的职业会给我们什么样的启示呢?我想告诉你三件事,它们听起来可能有点像老师经常说的话,但它们真的很重要!如果你能记住这些建议,就可以在 AI 的世界里大展身手了!

第一,学无止境!

学习不是写完作业就结束了,而是一直要做的事。在 AI 的时代,你得把学习变成一种习惯,不断学习新知识、新技能,而且学了还要用起来,将它变成你自己的本事。AI 可以帮你快速找到学习的方法和工具,但真正努力的,还是你自己。

第二,要学会把知识串起来!

未来的职业需要你会"串联知识"。什么意思呢?就是将

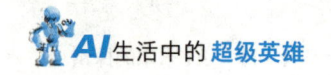

不同的学科、不同的知识搭配起来用。比如说你想设计一辆会飞的环保汽车,那你可能需要懂一点科学(汽车怎么飞起来),懂一点艺术(车子要设计得好看),还要懂一点工程学(怎么让它在天上保持平衡)。再比如你想写一首歌,就需要用数学来算节奏,用艺术来写旋律,用语言来写歌词。

第三,动脑创造,动心负责!

未来,创造力会让你变得与众不同。AI再聪明,也没有人类的想象力。你的奇思妙想,可能会创造出新的职业、新的世界!但别忘了,除了会动脑,还要"动心"。什么是动心呢?就是有责任感!比如你用AI设计了一辆无人驾驶车,你的目标不应该只是炫酷,而是要让这辆车更安全。

总结一下,未来的职业有太多可能性,记住这三件事,你一定可以在未来的世界里找到属于自己的精彩!

◎永远保持学习的热情。
◎学会把知识串联起来。
◎创造的同时带着一颗有责任的心。

未来**职业**畅想图

同学们,现在轮到你们发挥想象力啦!试着想一想,未来你最想从事的职业是什么?然后拿出纸和笔,画出你梦想中的职业吧!是 AI 宇航员,乘着飞船探索宇宙的秘密?还是 AI 电影导演,用人工智能拍出让全世界都惊叹的电影?或者是 AI 动物沟通师,帮助人类和动物"对话"?

画完后,请你给这个职业写一段说明:

- 这个职业的名称是什么?
- 你每天会做什么?
- 这个职业为什么会让世界变得更好?

画完职业畅想图之后,打开 AI,和它聊聊你的职业梦想!你可以问它:

- 如果我是一个 AI 宇航员,我每天要做什么?
- 你觉得当 AI 电影导演有什么有趣的事情?
- 如果有一天我成为 AI 动物沟通师,我需要学习什么技能?

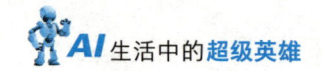

AI 会根据你的问题，帮你描述出这些职业的日常工作内容。你会发现，它不仅能回答你的问题，还会给你提出一些有意思的建议，比如：要成为宇航员，可能需要锻炼体能；要拍电影，可能需要了解镜头语言；要和动物沟通，可能需要研究动物行为学！

　　完成后，别忘了把自己的职业畅想图保存好，说不定等你长大后，这些职业真的会出现在你的生活里！

第三节
AI 未来世界：无限可能的畅想

1. 未来 AI 的世界

同学们，你有没有想过未来的 AI 世界会是什么样子？今天我们就一起来开动脑筋，想象一下 AI 会把我们的生活变成什么样子。先告诉大家两个很酷的词：AGI 和 ASI。

> AGI 是"通用人工智能"，它的意思是 AI 可以像人一样聪明，可以处理不同领域的任务，还具备自我反思能力，能在陌生环境中自主决策。
>
> ASI 是"超级人工智能"，它是一种超强的存在，不仅能跨领域进行推理创新，还在计算、推理、情感理解等方面超越人类；比人类更快发现物理、数学、生物学等领域的规律，甚至发展出自我优化能力，不再依赖编程。

那么，当 AI 变得这么厉害的时候，你觉得我们的生活会发生哪些改变呢？在这一节里，没有正确答案，只有无限可能！我们可以大胆想象。

我曾经和一位同学聊过这个话题，他的想象力特别丰富。他说，未来的生活可能是这样的：

早上醒来，他跟爸爸妈妈聊了一会儿，然后走出家门，看到一辆无人驾驶的飞行出租车正等着他。车子轻轻升空，把他带到了学校。他的学校在一座未来城市里，这座城市非常高科技，有井然有序的空中交通。到了学校后，老师带着他们去公园锻炼身体，而公园里的 AI 机器人正在清扫落叶，孩子们在用 AI 平板电脑学习。整座城市既高效又环保。

听起来是不是特别不可思议？其实，这位同学的想象并不遥远，因为现在很多科学家已经在研究类似的东西了。

小朋友们，未来的城市会变得超级聪明，就像一个充满魔法的乐园，现在轮到你来发挥想象力了——

自动驾驶的小车

无人车自己在路上跑，它们会相互沟通，知道怎么走最快最安全。你只要对车子说"我要去学校"，车子就会带你飞快地到达！甚至路上都没有红绿灯，因为所有车子都能共享信息，提前规划时间和路线，自动分流避让！

第四章　AI 未来的探索

神奇的立体道路

未来的城市不只有地上的路，还有在天上的和地下的，道路分为许多层、是立体的。这样，无论去哪里都不会堵车！

智慧家庭和社区

在家里，AI 小帮手会自动帮你调节灯光、空调等，还能播放你最喜欢的音乐，让家里总是温暖又舒适。社区里的老人们有可爱的智能机器人陪伴，孩子们学习时还有"会说话"的小老师帮忙，大家都变得特别安心和开心！

其他

你还能想到哪些呢？请补充在这里。

除了智能的地球城市，还有智能的外太空。如果有一天，我们真的可以去火星生活，AI 一定会成为外太空的关键助手。你可以大胆想象，未来火星上的城市将完全依赖 AI 管理。AI 会为我们设计适合人类居住的生态系统，帮助我们种植农作物，确保食物供应充足。AI 还会管理火星城市的氧气供给、

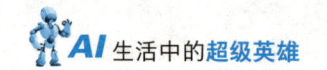

生活设施，甚至为我们设计更舒适的生活环境。

不仅如此，AI 还会驾驶宇宙飞船，帮助人类探索更遥远的星际空间。如果你想去探索土星环或者木星的卫星，也许 AI 会为你规划一条最佳的旅行路线。除了探索，AI 还能帮助人类从小行星上开采矿产资源，解决地球上的资源短缺问题。

这些事听起来是天方夜谭，但或许有一天，它们真的会变成现实。AI 不仅会帮助我们更好地生活在地球上，还会为我们开辟一个新的家园。

AI 城市设计师：绘制你的未来城市地图

一、畅想

畅想是第一步，但更重要的是用实际行动去实现这些想法。所以，今天我想邀请你成为一名"AI 城市设计师"，让我们一起来绘制一座属于自己的未来城市！

首先，你可以跟 AI 聊一聊未来的城市中会有哪些超级酷的功能，你可以邀请家人和朋友一起来畅想未来，然后列下这些奇思妙想，例如：

自动净化空气的 AI 塔楼：每天吸附空气中的有害物质，还能释放出干净的氧气，让整座城市的空气像森林里一样清新。

街道清洁智能机器人：它们白天帮忙扫地，晚上可以变成街灯，一边工作一边为城市增添光亮。

可以灵活调整大小的房子：房子可以根据你的家庭成员变化，自动扩展或缩小，你也可以随时移动房子的位置。

自动监测水污染的机器人：它们可以潜入河流、湖泊，实时分析水质，发现污染源并立刻报警。

其他：你还能想到哪些呢？请补充在这里。

然后，把这些想法告诉 AI，让 AI 帮你完善细节，接下来就要开始绘制你的未来城市地图了。

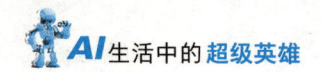

二、草图绘制

先画一张属于你自己的未来城市地图，这张地图可以随便画，不用担心画得不好看，只要能表达你的想法就可以。你可以选择用彩笔在纸上绘制，也可以使用 AI 工具帮忙，比如让 AI 生成一个基础的城市草图。过程中我们要思考地图的必备元素：

◎**一条智能道路**：未来的道路应该是什么样的？它是如何通过 AI 管理交通的？比如，它是不是能根据车流情况变更或合并车道？

◎**一座智能建筑**：未来的建筑应具备什么特殊功能？比如，它可以全天候净化空气，自动调节室内温度，还能用太阳能供电。

◎**一个环保区域**：充满科技感的环保区域会有哪些东西？比如 AI 机器人清洁工在这里打扫垃圾，一个垃圾回收站可以自动将废弃物分类处理，还有植物养护中心专门监控植物的健康状态，让城市更绿更美。

完成以上基础建设后，你再根据前面畅想的细节往上面添砖加瓦。

三、为 AI 功能取名

这是最有趣的一步！给你的 AI 功能起一些特别的名字，标注在上面，比如：

> 智能道路：畅行大道　　环保机器人：环境小卫士
> 垃圾回收站：资源再生小屋　　净化空气塔：清新之塔
> 植物养护中心：绿意之家

四、项目延伸

当你完成了这幅"未来城市地图"，可以把它展示给家人或朋友，向他们介绍你的创意，问问他们的建议，看是否还能加一些更有趣的元素。

你还可以让 AI 帮助你写一段介绍这座未来城市的文字，或者生成一个三维模型的效果图，把你的想象变得更加真实！如果有时间，还可以为你的未来城市写一个故事，比如"生活在未来城市的一天"。

未来的可能性是无限的，敢于想象就是创造的第一步。快来尝试这个游戏吧！

AI 生活中的超级英雄

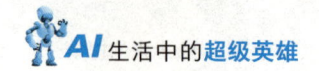

3 AI 城市设计师：环保创意挑战

我们已经在前面绘制了未来城市的蓝图，现在我为你准备了一个适合和 DeepSeek 或者 ChatGPT 等 AI 工具一起互动完成的小实验，即借助 AI 的智慧，设计一个环保项目。为了落实细节，你要先构思一个能监测水质的机器人或自动净化空气的智能塔楼。

一、构思你的环保项目

想一想：

◎你希望这个项目解决什么环保问题？比如改善空气质量、净化水质或减少垃圾？

◎这个项目看起来会是什么样子的？是一个酷炫的机器人还是一个高科技的塔楼？

写下你最关心的几个问题，例如：

◎我的环保机器人长什么样？

◎它是如何监测和净化环境的？

◎每天它能为地球做哪些有趣的任务？

二、与 AI 互动

打开 DeepSeek 或者 ChatGPT，向它提出问题，看看 AI 会怎样描述这个环保项目。

问题 1：请帮我设计一个可以监测水质的环保机器人，它看起来应该怎样？

AI 可能回答：这个机器人可以是一个小巧的潜水器，拥有闪亮的蓝色外壳和灵活的触角，能够在水中快速游动，实时检测水质指标。

问题 2：它如何帮助净化水质呢？

AI 可能回答：它可以通过内置的微型过滤系统，自动清除水中的杂质和污染物，同时将检测数据传输到环保中心，方便科学家实时监控。

三、制作"环保项目计划书"

用你自己的语言整理出一份创意计划书，详细描述你的环保机器人或智能塔楼，可以手写，也可以在电脑上绘制一份彩色版设计图。要包括下面的内容：

◎ 外形、功能、工作原理。

◎ 每天可以完成哪些环保任务？

◎ 它可以为地球做哪些贡献？

AI 生活中的超级英雄

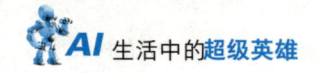

4 AI 城市设计师：未来太空旅行指南

未来，人类除了生活在地球上，还可以生活在火星、月球等星球上。现在，我们将借助 AI 的创意帮助，设计一份"未来太空旅行指南"，描绘未来星际探险的奇妙体验，了解未来旅行的各种可能性。

一、畅想未来的星际之旅

想一想：

◎如果你能乘坐宇宙飞船去太空，你最想去哪个星球？

◎太空旅行过程中，会遇到哪些神奇的景象或体验？

◎太空里的餐点、服装或居住环境会是什么样的？

写下几个问题，例如：

◎去火星探险需要准备哪些装备？

◎宇宙飞船上会有哪些特别的餐点？

◎土星环上有什么神奇的景象？

二、与 AI 互动

打开 AI 工具，与它互动，获取更多灵感。

问题 1：如果要设计一条火星探险路线，要包含哪些有趣的站点？

AI 可能回答：你可以设计一个火星峡谷探险、火星基地参观以及神秘火山探秘的路线，每个站点都有不同的探险任务！

问题 2：宇宙飞船上的特色餐点会是什么样的？

AI 可能回答：想象一下，一道"星际比萨"，上面有彩色的星球状配料，或者一杯"宇宙冰沙"，能在太空中给你瞬间补充能量。

问题 3：如果在太空旅行中遇到困难，我该怎么应对？

AI 可能回答：你可以设计一套智能航天服，不仅能保护你免受辐射，还能自动调节温度，内置紧急呼叫系统。

> 三、创作太空旅行指南

根据你和 AI 的互动，将创意写成一份小小的太空旅行指南。内容可以包括：

◎火星探险路线：写出每个站点的名字、特色和探险任务。

◎特色餐点与太空生活：设计几道太空餐点，写下描述太空特色服装、太空生活的小贴士。

AI 生活中的超级英雄

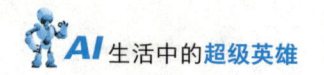

◎ **必备装备清单**：列出你认为在太空旅行中必不可少的装备，比如智能航天服、星际地图等。

如果喜欢绘画，也可以在书中插入你自己画的插图，让指南更加生动有趣！完成后可以将你的太空旅行指南分享给家人、朋友或同学，看看他们是否也想和你一起踏上太空之旅。

你还可以和他们一起讨论：如果去月球或者其他星球，应该带哪些装备，怎样更好地适应那里的生活。

通过小游戏畅想完星际旅行，其实我们也能得到一些启示，AI 让我们的生活变得更方便，但在使用 AI 的时候，要记住这些问题：

◎ **AI 是为人服务的**：AI 的目的不是让它自己变得多厉害，而是要让我们的生活更好。

◎ **人类才是主角**：AI 虽然聪明，但它没有我们的情感、想象力和责任感，你才是那个能让世界变得更美好的人。

◎ **我们要学会适应**：AI 发展的速度非常快，我们需要不断学习新知识，学会用 AI 来解决问题。

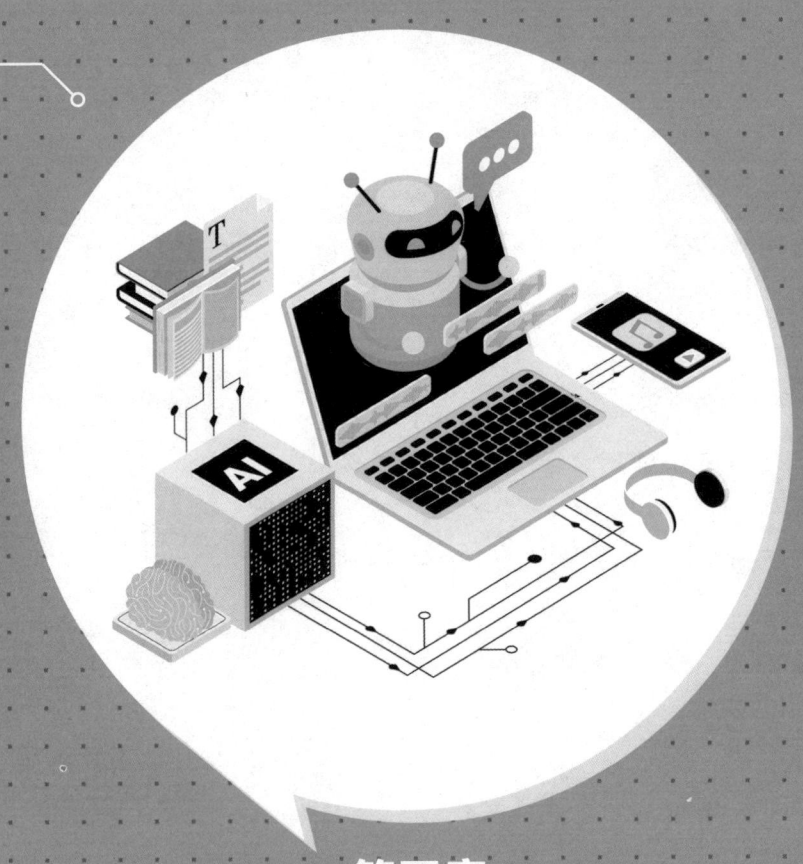

第五章
AI 的奇思妙想工厂

第一节
AI 与艺术的碰撞：创作与模仿

1 重新定义艺术

艺术是什么呢？可能你会说，它是画画、弹琴、写故事，是人类用自己的想象力和情感创造出来的东西。没错，艺术确实是表达思想和美感的形式，像绘画、音乐、舞蹈、戏剧和文学，都是我们熟悉的艺术形式。

可是，随着 AI 的出现，艺术的定义发生了新的变化！有一句很有意思的话：

> 人类还在"搬砖"，AI 已经开始研究琴棋书画了。

虽然这是个玩笑，但其实说得很对！现在，艺术创作不仅是人类自身的事情，也可以是人类和 AI 合作完成的过程。你能想象吗？AI 通过算法分析、数据训练，已经能够作画、写诗、谱曲，甚至设计一整场舞台剧！不过，这些创作的"灵

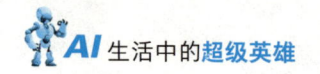

魂"还是人类。

想象一下，一个阳光灿烂的下午，一位画家坐在窗边，正在创作一幅关于未来城市的画。他拿着画笔，描绘高楼和天空中的飞行汽车，可是画着画着，灵感枯竭了。

这时候，他想到了 AI，他对它说："帮我设计一座未来城市吧。"几十秒后，AI 生成了好几幅充满未来感的画面：高空中飞行的汽车、用闪烁的桥梁相互连接的高楼、漂浮在天际的智能公园……这些画面让画家"脑洞大开"。他拿起画笔，把 AI 的创意加入了自己的画作，画里多了许多细节。

不过，画家也发现了一个问题。虽然 AI 的设计很炫酷，但它少了一点"人情味"，画面看起来有点冰冷。于是，画家决定休息几天，回想他童年时走过的街道、看到的暖阳。随后再次拿起画笔，把这些记忆的温度融入画里。这幅画完成后，不仅有 AI 设计的未来感，还充满了画家自己的情感，成了一幅让人感动的作品！

通过这个故事，我们发现虽然 AI 能帮你打开想象的大门，但艺术作品的灵魂还是需要你用自己的情感去填充。

AI 艺术家也会成为未来很重要的一种职业。人类赋予 AI 艺术的意义，而 AI 赋予人类艺术创作更多的可能性。

> 过去,艺术是人类情感的"独舞",而现在,它变成了人类和 AI 合作的"双人舞"。人类提供情感,AI 提供翅膀,这种合作让艺术既有深度,又充满了技术的奇妙。

2 AI 在艺术领域的奇妙运用

AI 能帮助你用最快的方式表达自己的创意,在这个部分,我给大家介绍几种 AI 工具,你可以边看边用手机或电脑尝试。

AI 作曲:让耳朵充满惊喜

AI 可以模仿贝多芬、莫扎特这样的古典音乐大师的风格,也可以轻松地生成流行音乐和电影配乐,甚至还能根据你的心情生成背景音乐。让我们一起用 AI 工具做一回"小小作曲家"!

推荐工具:

Suno:只要输入简单的音乐风格、节奏等提示词,它就能生成一段旋律,非常适合创意作曲练习。你还可以在曲子

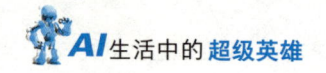

上添加歌词，生成属于自己的歌曲。

网易天音：和前面的工具类似，它能根据你输入的提示创作多种风格的音乐作品，比如古典的、流行的，操作特别方便！

> **任务卡**
>
> 如果你今天很高兴，可以让AI为你谱一首轻快的旋律；如果你有点伤感，就让它创作一段舒缓的乐曲。试着哼一小段旋律，用AI生成一段完整的音乐作品吧！

AI绘画：模仿大师的风格

AI可以模仿凡·高、莫奈的画风，也能学习宫崎骏、齐白石的创意风格。无论是漫画、绘本封面，还是未来城市的场景，AI都能为你的创意添砖加瓦，将你的草图变成一幅"名画"。

推荐工具：

触站AI：它擅长用中文提示词生成二次元风格的插画或者国风插画，非常适合设计漫画场景或者校园场景。

LiblibAI：这个工具可以快速生成人物角色、风景艺术或者未来城市场景，你还能调整细节，让画面更符合你的想象！

第五章　AI 的奇思妙想工厂

> **任务卡**
>
> 试着用触站 AI 设计你心目中的未来学校，然后再用 LiblibAI 给你的角色"加上道具"，比如穿上宇航服或者手拿环保工具！

AI 影视创作：让想象变成电影

拍电影再也不用成立一个庞大的剧组了！你告诉 AI 一个大致的主题，比如"关于海洋的故事"或者"我想去外太空探险"，它就能为你编出一个精彩的故事或者剧本，帮你设计好角色。有了剧本和台词，你就可以用 AI 视频工具设计分镜头，甚至生成动态视频和虚拟演员。通过 AI，你脑海中想象的任何一个画面，都可以变成一段真正的视频。

推荐工具：

Runway：它可以用 AI 生成动态视频背景、虚拟角色，非常适合初学者尝试电影制作。

可灵 AI：这款 AI 视频生成工具可以将图片转化成视频，让你在创作短视频时画面更准确、精美，角色和背景的一致性也非常棒！

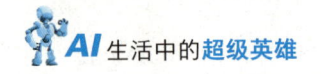

任务卡

写一个简单的故事，比如《AI 拯救城市》，让豆包根据故事生成一些场景图，然后用可灵 AI 根据图片生成几个动态场景，完成一部自己的微电影！

AI 设计：为未来建筑和时尚插上翅膀

你有没有想过自己设计一座未来城市的大楼，或者设计一套酷炫的衣服？AI 不仅能帮你画草图，还能用 3D 模型直接展示你的设计。

推荐工具：

三维家：一款中文设计工具，可以帮助你构思出未来的建筑或者家居布置，并生成 3D 渲染图。

可画：一个简单的海报、卡片设计工具，操作简单。你可以用它实现自己的时尚创意，比如设计未来服装！

第五章 AI的奇思妙想工厂

任务卡

想象你是一个"未来建筑师",用三维家设计一个飘浮在空中的大楼,再用可画为它设计一张宣传海报。把你的设计展示给朋友吧!

AI艺术创作的真实案例

AI画家"DeepDream(深梦)"

这个AI工具通过分析图片数据生成了充满奇幻色彩的艺术作品,把普通的风景照片变成了如梦似幻的画作,它的能力被称为"机器的想象力"。

AI音乐人"Amper"

这个AI音乐创作工具能在几分钟内为电影或广告生成背景音乐,广受欢迎。现在很多广告的配乐都是由AI生成的,人们甚至听不出它们和人类创作的区别!

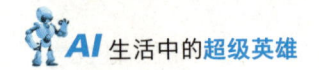

AI 小说家 "GPT-Author"

这是一个自动创作小说的 AI 程序,它可以在几分钟内根据我们提供的初始提示和章节数生成一整本奇幻小说,并自动打包成电子书格式。

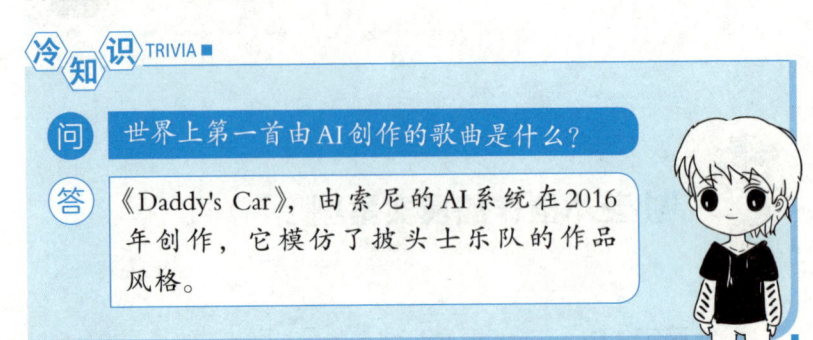

冷知识 TRIVIA

问 世界上第一首由 AI 创作的歌曲是什么?

答 《Daddy's Car》,由索尼的 AI 系统在2016年创作,它模仿了披头士乐队的作品风格。

4 AI 和人类的艺术创作优劣

AI 绘画工具的运作原理是通过分析大量艺术作品来学习的。它会找到这些作品中的颜色搭配、光影效果、构图等规律,然后用这些知识创作新画作。这就是我们之前说的"生成对抗网络"。这种技术让 AI 能够在两种模型之间"竞争",最终生成更逼真的作品。

AI 作曲也是一样的道理,它会分析不同音乐的旋律、节奏和和声规律，按照这些规律创作新曲子。比如，索尼的 AI 音乐工具"Flow Machines"就是通过学习披头士的音乐风格创作出歌曲《Daddy's Car》。至于 AI 动画设计，则是通过大量的动作捕捉数据，学习角色的运动逻辑，比如怎么跑、怎么跳。

而人类要先动了感情，才能有创作；要先有了体验和深刻的感受，才能有作品。比如一位画家看到一场美丽的日落，他会感受到平静、温暖甚至一丝伤感，然后把这些情感融入画中。每一笔颜色，每一个构图，都带着某个人独特的故事。

> 所以，我们要更加尊重和珍惜自己的感受，喜怒哀乐都是很重要的。

学习完这一节，你也许会重新思考什么是艺术家、什么才是真正的艺术？当 AI 可以创作无数幅画，写无数首曲子，我们更需要去发现艺术中无法被替代的部分——那就是情感、故事和我们独特的想象力。下面，让我们来总结一下 AI 和人类在艺术创作上分别有哪些优势。

AI 生活中的超级英雄

总结

AI 的优势：

1. **快速生成内容**：AI 能够在很短的时间里尝试多种风格，几秒钟就能生成多幅作品，或者生成多种旋律。

2. **擅长分析数据**：AI 可以通过分析大量的艺术作品，发现隐藏的规律，所以它能模仿得很好。

3. **永不疲倦**：AI 从不需要休息，能持续创作，帮你不断完善你的作品。

人类的独特性：

1. **情感驱动**：人类的创作源于自己的情感、经历和故事，比如一幅画可能表达的是一次冒险，或者一首歌唱的是某个难忘的瞬间。

2. **个人风格**：人类可以在作品中融入自己的独特视角和情感表达，这些是 AI 无法完全复制的。

3. **深层意义**：人类艺术往往触及心灵深处，比如爱、痛苦和希望，这些复杂的情感，只有人类才能真正体会并表达出来。

第五章　AI 的奇思妙想工厂

在未来，艺术是艺术与技术的完美结合，是人类和 AI 共同努力的结果。AI 就像一支神奇的画笔，能把你的天马行空变成现实，但画的灵魂仍然需要你来赋予。未来的艺术，不仅是技术的力量，更是人类情感和想象力的延展。

沉思角 THINKING

现在轮到你来思考了！你觉得：

1. 什么样的作品适合 AI 完成？什么样的作品适合人类来完成？
2. 如果你和 AI 一起完成一件艺术品，你希望哪个部分自己完成？哪个部分让 AI 帮你？
3. 你觉得 AI 能完全代替人类艺术家吗？为什么？

第二节
AI 与科学的探索：解锁自然的奥秘

AI 就像一位从不疲倦的"超级科学家"，它正在用自己的力量帮助人类触碰那些原本遥不可及的梦想。通过 AI 在科学领域的神奇应用，我们可以更加自由地探索自然界的奥秘，还能用它来解决许多复杂的问题。

化学：AI 解密蛋白质的折纸游戏

很久很久以前，科学家们遇到了一道超级难题——怎么搞清楚蛋白质的结构？蛋白质是我们身体里的"小机器"，如果没有它们，我们的身体就会"罢工"。蛋白质可以帮我们消化食物、修复伤口，甚至可以在我们生病时帮我们打败病毒！可是这些蛋白质不像乐高积木那样整整齐齐，它们的形状更像一张折叠得乱糟糟的纸。

科学家们花了好多年想解开蛋白质的秘密，但进展非常慢。科学家戴密斯·哈萨比斯看着显微镜里的蛋白质折叠，

第五章 AI 的奇思妙想工厂

叹了口气："如果有一个能看一眼就知道答案的小助手，那该有多好啊！"

于是，他带领自己的团队钻研了好几年，终于在 2018 年发布了一款超级 AI——Alphafold，并于 2020 年完成重大改进，它就像一位"蛋白质侦探"，不仅能快速解开蛋白质的复杂折叠，还能分析出它的功能！科学家们都惊呆了，因为 Alphafold 只用几天就完成了人类几十年都没办法完成的工作！

哈萨比斯高兴地大声喊："这太不可思议了！"也因为 Alphafold 的出现，哈萨比斯获得了 2024 年的诺贝尔化学奖！

> 有了这个 AI，科学家们不用再把时间浪费在这些烦琐的工作上，他们可以专心研究更重要的事情，比如研发对抗癌症的药物，研究让植物长得更健康的蛋白质，甚至研究出对抗阿尔茨海默病（老年痴呆症）的方法。

不过你可能会问："这 AI 为什么能这么厉害呢？"其实很简单，Alphafold 学会了从海量的数据中找规律，就像玩拼图游戏一样，越玩越熟练，速度也越来越快，最后变成了真正的"拼图高手"！

假如你也有一位像 Alphafold 这样的超级 AI 助手，你希望它帮你做什么？是设计更健康的食品，还是研发超级疫苗呢？

AI 生活中的超级英雄

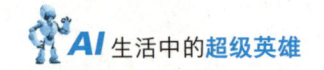

2 天文学：探索宇宙的奥秘

科学家们一直想探索遥远的宇宙，去发现未知的星球，而 AI 在宇宙探索中也扮演着举足轻重的角色。它可以助力无人探测器在遥不可及且条件恶劣的宇宙中独立执行复杂任务，如美国的火星车"好奇号"和"毅力号"，都配备了先进的 AI 系统，能在火星表面自如行走，并自动选择采集岩石样本的最佳路径。

AI 还可以处理和分析数以亿计的天体数据，以惊人的速度和精准度拓宽我们对宇宙的认知边界。比如天文望远镜拍摄的宇宙照片有成千上万张，里面的数据多到人类看不过来，而 AI 就像是一个"宇宙侦探"，能够快速分析这些海量数据。它能帮助科学家发现新的星球、黑洞，甚至可以捕捉外星信号！

有一次，美国宇航局（NASA）用 AI 从望远镜的数据中发现了一颗类似地球的系外行星，科学家们给它起了一个名字：开普勒 -452b。如果没有 AI，找到这样的行星可能需要几十年的时间！

现在，你也可以尝试用一些天文相关的 AI 工具，比如：

Stellarium（天文馆）：这是一个虚拟天文馆软件，可以模拟星空，带你观测星星和星座。

第五章　AI 的奇思妙想工厂

Exoplanet Exploration： 这是美国宇航局下面的系外行星探索网站，以 360 度的形式呈现了外星世界，你可以在这里了解更多关于系外行星的知识。

气象与环境科学：守护地球的 AI 战士

AI 正以其卓越的数据分析能力成为地球的守护者。在这一领域，AI 不仅仅依靠卫星数据和历史气象数据，还整合了无人机、地面传感器，为我们提供精准的天气预报和实行环境监测。下面举几个例子，我们一起来看看 AI 在这一领域的精彩应用。

台风和极端天气预报

天气预报为什么越来越准？因为 AI 可以分析过去的大量气象数据，总结出规律，再预测未来的天气变化。更厉害的是，通过实时分析大气中温度、湿度、风速等数据，AI 还可以构建复杂的气象模型，提前预测台风、暴雨甚至冰雹等极端天气的形成与路径。比如，某个 AI 模型能够在台风来临前 48 小时就给出精确的预警，让政府和居民有足够时间做好防范措施，从而减少损失。

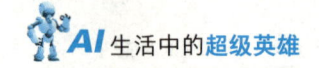

森林火灾监控与预防

试想一下，一个由 AI 驱动的"森林守护员"如何工作：

◎利用无人机定时巡视森林，实时采集温度、湿度和植被干燥度数据。

◎通过深度学习算法，分析数据中隐藏的火灾风险，比如局部温度异常或燃料堆积过多。

◎一旦系统检测到火灾隐患，自动通知相关部门，并指导无人机或地面设备采取初步干预措施，如局部喷水，降低火灾发生的风险。

这样的系统极大提升了森林防火的效率，保护了地球的自然资源。

4 工程与建筑：重新定义我们的家园

AI 正在引领建筑和工程领域的革新，让我们的居住环境变得更加安全、智能和环保。让我们一起来看看下面这些具体应用和案例。

第五章 AI 的奇思妙想工厂

> 结构设计与安全模拟

在建筑设计初期，AI 可以模拟地震、风暴等极端环境对建筑结构的冲击，帮助工程师提前识别出设计中的薄弱环节。通过不断优化，设计师能够打造出更坚固、更安全的建筑。例如，某些智能建筑项目利用 AI 模拟地震时的建筑响应，不仅大大提高了建筑抗震能力，还缩短了设计验证的时间。

> 节能环保与智能调控

AI 能够整合建筑内外部传感器数据，实时调控室内温度、湿度和照明系统，确保建筑内部系统在各种气候条件下都能实现"零能耗"或最小能耗运行。

这样的房子，可以全天候依靠太阳能供电，无论季节如何变化，都能提供最舒适的室内环境。部分未来建筑甚至可以根据情况自动变换外观颜色和功能布局，真正做到个性化定制。

> 施工过程监控与自动化管理

在建筑施工过程中，AI 与无人机、机器人相结合，可以实现对工地全方位的监控与管理。比如无人机巡检可以自动拍摄和分析施工现场的实时状况，确保每个细节都符合设计要求。在危险或精细的施工环节，AI 控制的机器人可以代替

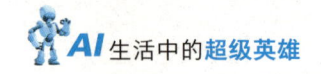

人类完成任务，既提高了施工效率，又降低了事故风险。

现在，一些大型建设项目已经开始使用 AI 监控系统，当检测到施工中存在安全隐患时，系统会立即发出警报，并自动记录问题区域，方便后续检查与整改。

总之，AI 正以它独特的方式重新定义我们的家园，从优化设计到施工管理，从安全监控到能耗调控，每一个环节都体现出科技与创意的完美结合。

科学 + AI 意味着什么

未来的科学会和 AI 紧密结合，带来前所未有的可能性。以前，我们需要大量时间和资源做实验、推导公式，以此来理解科学现象。现在通过 AI 的帮助，科学会变得更加多样化，不仅服务于生活，还可以用来探索宇宙、辅助医疗、保护环境。

> 未来，我们要从数据思维转向 AI 思维。因为科学离不开数据，而 AI 正是分析数据的高手。那些枯燥、烦琐的计算和整理工作，未来都可以交给 AI 完成，让它总结出清晰的规律，而我们则专注于用 AI 找到解决问题的创意方法。

换句话说，有了 AI，我们的任务并不是会更轻松，而是会更有意义。AI 可以为我们打开一扇扇通往未知的门，但迈进那扇门的，依然是充满好奇心的你。AI 让科学探索变得更高效、更精准，但只有你，才能提出那些天马行空的创意和问题。

同学们，无论 AI 有多强大，人类的<u>勇气、好奇心和创造力</u>，才是科学进步的核心动力。所以，要成为那个敢于发问、敢于想象、敢于动手的小科学家，用你的勇气和热情去书写未来的科学故事。

> **任务卡** 和 AI 一起探索宇宙奥秘
>
> 1. 打开一款 AI 天文学工具，用它搜索一个你感兴趣的星球，比如土星。问问 AI：土星环是由什么组成的？又是如何形成的……
> 2. 大致勾勒出星球的轮廓，根据你通过 AI 学到的新知识，逐渐在上面增加细节和文字信息。
> 3. 和父母或同学分享你完成的"土星画报"。

第三节

AI 与创新发明：让想法落地

这本书里讲了很多关于 AI 的神奇故事，但你有没有想过利用它做点小发明呢？无论 AI 多么强大、多么聪明，都无法代替你亲自动手去尝试的乐趣，动手能力是永远不可替代的，所有的发明和创造都需要用双手变成现实。

我有个朋友开设了一门特别有趣的课程——教孩子们制作交通信号灯。在课堂上，孩子们会学"模电和数电"这种看似高深的知识点。我好奇地问他："这些内容网上不是都有吗？甚至 AI 也可以教会大家，为什么还要专门开课教呢？"那位朋友笑了笑，告诉我两个字："动手。"

科学最有趣的地方就是从一个小实验开始，用自己的双手去创造新东西，然后一点点改进它。所以，这一节我们特意为你设计了两个简单又好玩，还能直接落地的实验，每个实验都能让你用 AI 实现自己的奇思妙想。

准备好了吗？让我们开始动手实验吧！

AI 帮你制作"趣味单词学习卡"

> **实验目标**

通过与 AI 互动,轻松生成学习英语单词的趣味卡片,能更有趣、更高效地记住单词。

> **实验步骤**

(1) 准备工作

◎打开 DeepSeek、ChatGPT 或其他类似的 AI 工具。

◎将白纸剪成同样大小的卡片。

◎想一想最近需要背的英语单词,比如:apple(苹果)、library(图书馆)、planet(星球)。

(2) 与 AI 互动:生成趣味卡片内容

和 AI 沟通,让它生成与单词相关的内容,比如:

问题 1:我想用有趣的方法记住单词"planet"。

AI 可能回答:想象"planet"像"盘"一样大,地球是一个装着生命的超级大盘子。

问题 2:请用"planet"造一个有趣的句子。

AI 可能回答：There are eight planets in our solar system.

问题 3：画一个简单的图形表示"planet"，让我记住它的意思。

AI 可能回答：这是一幅地球的简笔图画，供你参考。

（3）动手制作卡片

正面内容：

◎写下单词"planet"，并在下方画一个代表这个单词的小图案。用彩笔绘制，能让它更吸引人。

背面内容：

◎例句：抄写 AI 给你的有趣例句，比如：There are eight planets in our solar system.

◎趣味记忆法：写下 AI 给出的记忆方法："planet"像"盘"一样大，地球是一个装着生命的超级大盘子。

（4）玩转单词卡片

◎自己挑战：看正面单词，试着回忆背面的例句和记忆法。

◎和朋友一起玩：做两套卡片，一套是单词，一套是简笔画图片。和朋友比赛匹配，看谁记得更快。

◎创意背单词游戏：和朋友用卡片玩抽签游戏，抽到哪个单词，就说一句例句。

2 用 AI 创造你的**超级英雄**

> **实验目标**

通过本实验，你将设计出一个独一无二的超级英雄角色，并创作出一段充满想象力的冒险故事，体验 AI 在创意构思与故事创作中的神奇力量，还能培养自己的故事创作能力。

> **实验步骤**

（1）构思你的超级英雄

思考与设问：

◎我的超级英雄具有什么超能力？（例如：飞行、隐身、操控时间等。）

◎他的背景故事是什么？（比如在一次意外中获得神秘能力，或来自一个遥远星球。）

◎他是否拥有独特的装备、秘密基地或特殊的标志？

记录关键问题：

◎我的超级英雄的超能力是什么？

◎他是如何获得这些能力的？

◎他的敌人是谁？他们有什么特别之处？

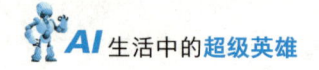

(2)与 AI 互动，激发创意灵感

向 AI 提出你的问题，看看它会给出哪些新颖建议：

问题 1：请帮我设计一个拥有独特超能力的超级英雄，他可以掌控时间和空间。

AI 可能回答：你的超级英雄可以拥有"时光之力"，能在关键时刻让时间倒流或加速，甚至短暂预见未来。

问题 2：为我的超级英雄设计一个动人的背景故事。

AI 可能回答：他曾在一次时空事故中失去了家人，从此被选中成为时光的守护者，肩负起保护世界和平的使命。

问题 3：帮我设计一个与之对抗的反派角色。

AI 可能回答：一个擅长操纵梦境和黑暗能量的反派，名叫"梦魇王"，他试图用虚幻迷雾控制人们的思想。

接着，将 AI 的建议整理并记录下来，作为你后续创作的灵感和素材。

(3)添加特别技能和装备细节

深化设定：描述你的超级英雄的标志性装备，比如一块能操控时间的神秘手表或特殊装置；设想他在战斗中的特别技能，比如瞬间移动、暂停时间或预知危险的能力。

再次互动：如果需要更多创意，可以向 AI 提问，例如：为我的超级英雄设计一个独特的徽章和装备。

（4）动手创作你的超级英雄故事

文字创作：在纸上或电脑上写下你心中的超级英雄故事，描述他如何发现自己的能力、与反派斗智斗勇，以及最终成功守护世界的过程。

绘画创作：用彩笔或电脑绘图，画出你的超级英雄形象、装备、秘密基地和激烈对抗反派的场景。

（5）分享与改进

将你的超级英雄故事、角色设定和绘画作品分享给家人、朋友或同学，听取他们的意见和建议。

根据反馈，你可以再次与 AI 互动，调整故事情节、增添新的角色，甚至将其扩展为一个冒险故事系列。

（6）延伸任务

制作漫画：将你的故事分成几个场景，设计一幅简单的漫画，展示你的超级英雄与反派的精彩对决。

角色对话：创作一段超级英雄与反派之间的对话，体现他们的个性和冲突。

团队合作：如果你和朋友都有各自设计的角色，可以尝试将这些角色组合成一个超级英雄团队，共同完成一次大型冒险任务。

AI 生活中的超级英雄

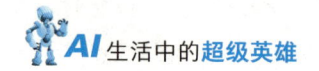

在这一章里，我们了解了 AI 可以帮助你完成艺术创作，又能在科学实验中成为你的小助手。但更重要的是，它无法替代你，更无法取代你用双手实践的过程。

> 科学的奥秘藏在你的双手和脑海里，有时候，改变世界的伟大发明，正是从一个渺小的创意和实验开始的。

还记得英国发明家詹姆斯·瓦特吗？他在帮家人做家务的时候，发现水壶的盖子被水蒸气顶了起来。他好奇地问自己："为什么水蒸气有这么大的力量？"就是这样一个简单的想法，让他开始用双手不断地实验。后来，瓦特成了一名机械工程师，但他还是喜欢捣鼓水壶的盖子。后来他改良了蒸汽机，不仅推动了工业革命，还彻底改变了人类的生活方式！

请记住，AI 再强大也只是工具，真正让世界变得精彩的是你那份敢于动手、敢于尝试的勇气！

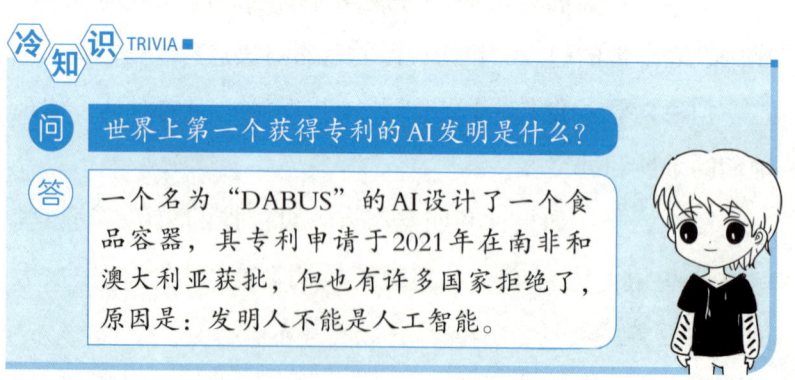

冷知识 TRIVIA

问 世界上第一个获得专利的 AI 发明是什么？

答 一个名为"DABUS"的 AI 设计了一个食品容器，其专利申请于 2021 年在南非和澳大利亚获批，但也有许多国家拒绝了，原因是：发明人不能是人工智能。

附录 1
我的 AI 小工具箱

1. AI 绘画工具：DALL-E

功能：可以通过文字描述生成创意图片。

适用场景：绘画创作、艺术设计和激发想象力。

优势：简单易用，可以用语言描述创意。

提示：可以通过描述具体细节来获得更满意的图像。

2. 语言学习助手：多邻国（Duolingo）

功能：基于 AI 的语言学习工具。

适用场景：外语单词、句型和听力的学习。

优势：趣味性强，配有小游戏、奖励机制和进度跟踪。

提示：每天学习 10 分钟即可养成良好习惯。

3. AI 写作助手：写作猫

功能：智能纠错、文本润色和素材推荐。

适用场景：作文修改、英语写作提升。

优势：支持中英文双语言校对，提供多风格写作建议。

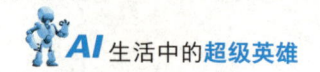

提示：可结合修改建议积累优质表达。

4. 编程启蒙：Scratch

功能：这是一种图形化编程工具，通过拖拽模块学习编程逻辑。

适用场景：培养编程思维、设计小游戏。

优势：界面友好、寓教于乐，特别适合初学者。

提示：建议从简单的小任务开始，如制作一个动画角色。

5. AI学习伙伴：可汗学院儿童版（Khan Academy Kids）

功能：提供个性化的学习内容，覆盖阅读、数学和艺术。

适用场景：课外学习、知识补充。

优势：免费、无广告、内容优质。

提示：根据个人兴趣选择学习内容，提高参与度。

6. AI对话助手：DeepSeek（深度求索）

功能：解答数学难题，生成知识框架。

适用场景：数学题分步骤解析、英语作文思路启发。

优势：提供详细解题过程，梳理知识点。

提示：遇到难题先自己思考，再参考AI的讲解，不能直接抄答案哦！

7. AI对话助手：豆包

功能：全能学习工具箱，日常作业检查、作文润色等。

适用场景：作业题快速解答、英语口语练习、考试知识点总结。

优势：支持语音对话，像"小老师"一样随时回答问题。

提示：用它检查作业时，记得对照课本确认答案是否正确！

8. AI课堂助手：通义千问

功能：课堂小助手，能整理笔记、生成PPT、指导写作。

适用场景：课堂录音转文字、作文提纲设计、课外资料速读。

优势：快速生成学习资料，节省整理时间。

提示：AI生成的笔记仅供参考，结合自己的想法修改会更棒！

附录 2
简单的 AI 编程入门指南

编程的作用：通过一系列明确的指令，让计算机完成特定任务。

目标：制作一个可以玩的简单小游戏。

> 猜数字小游戏

打开一个编程工具，例如 Scratch 或 Python。

在 Scratch 中：

1. 创建一个新项目，加入角色（如小猫）。

2. 设置一个随机数变量：

◎ 添加"变量"模块，命名为"神秘数字"。

◎ 在程序开始时，设置"神秘数字"为 1 到 100 之间的随机数。

3. 让用户输入猜测：

◎ 用"侦测"模块捕获用户的输入，例如通过"输入答案"功能。

◎ 判断输入是否正确，使用"条件判断"模块输出"太大""太小"或"正确"。

在 Python 中：

编写以下代码：

```Python
import random
mystery_number = random.randint(1, 100)
print("我选了一个 1 到 100 之间的数字，快来猜猜看！")

while True:
    guess = int(input("你的猜测："))
    if guess < mystery_number:
        print("太小了！")
    elif guess > mystery_number:
        print("太大了！")
    else:
        print("恭喜你，猜对了！")
        break
```

测试运行程序，与家人一起玩。

小猫追逐鼠标指针小游戏

详细操作步骤：

1. 创建新项目：

打开 Scratch 官网或者下载 Scratch 软件，点击右上角"创

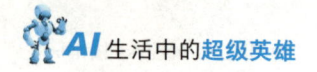

建"。

2. 添加角色：

默认角色是小猫，如需删除可点击角色右上角的垃圾桶图标，然后点击右下角"选择一个角色"（角色库图标），可选择内置角色（如"动物"分类中的小猫）或上传自定义角色。

（下面的示例角色默认为小猫。）

3. 编写追逐代码：

◎点击屏幕左下方角色列表中的小猫图标，点击左上角"代码"选项卡。

◎从"事件"模块拖动"当绿色旗帜被点击"到工作区。

◎从"控制"模块拖动"重复执行"模块，连接到绿色旗帜模块下方。

◎在"运动"模块中找到"指向鼠标指针、移动10步"两个代码块，按顺序放入"重复执行"内部（必须先调整方向再移动，否则移动轨迹不连贯）。

4. 优化移动（可选）：

将"移动10步"替换为"在0.1秒内滑行到鼠标指针"（这样更平滑）。

5. 测试运行：

点击屏幕右上角的绿色旗帜，观察小猫是否流畅跟随鼠标移动。

6. 添加障碍物：

◎点击屏幕右下角的"选择一个角色"，添加一个红色方块作为障碍物。

◎为红色方块编写规则：从"事件"模块拖动"当绿色旗帜被点击"；从"运动"模块添加"在1秒内滑行到随机位置"，放入"重复执行"内部。

7. 游戏结束规则：

◎在小猫的代码中添加"如果……那么"模块，判断小猫是否碰到红色方块。

◎拖动"侦测"模块的"碰到某某"到"如果"条件中。

◎如果小猫碰到红色方块，显示"游戏结束"并停止全部。

8. 保存项目：

点击页面上方的"保存"，给游戏取个名字，比如"追逐大冒险"。

9. 最终效果：

小猫会平滑跟随鼠标移动，红色方块持续随机移动，若小猫碰撞红色方块，会显示"游戏结束"并停止所有动作。

10. 学习目标：

◎理解事件驱动、条件判断和循环结构的基本概念。

◎通过实践提高编程逻辑能力。

◎鼓励创新，设计更多复杂的规则或添加新元素。

结 语

这本书写得很快，快到就像是AI的发展一样。在多伦多大学进修期间，我基本上不敢看新闻，因为新闻上几乎每天都在播放着AI的最新消息，但感谢浙江人民出版社的朋友，给了我一个机会，让我安静下来写完了这本书。不看手机的日子真好！

在交稿日期截止的时候，我刚参加完国际消费类电子产品展会，从拉斯维加斯飞到硅谷参加一个行业论坛，飞机上有个人问我，你在写什么，我说我在写一本关于AI的书，给孩子们看的。他说："他们的未来可跟我们不一样啊！"

我说："当然，他们就是未来，有他们的AI更是未来。"是的，在你们未来的世界中，AI无处不在，它会寻常得就像我们现在拿着的手机一样。

想象在未来的某一天，你站在一片广阔的星空下，回想起如今学到的每一个关于AI的知识。你会发现，这些不起眼的小技能，正在悄悄改变你的世界。

AI不是冷冰冰的机器，它是一种工具、一种语言、一种能把你想象的事变成现实的"魔法"。它能把复杂的问题拆解

结 语

成简单的答案,让学习不再枯燥;它能激发你的创造力,让你设计出属于自己的小发明,教你设计天马行空的作品;它还能帮助你连接世界,成为更包容、更聪明的自己。

也许有人会问:"为什么要学习 AI 呢?"答案很简单,因为未来需要懂 AI 的人。未来的医生可能会用 AI 治疗疑难杂症;未来的工程师可能会用 AI 建造智慧城市;而你,也可能会用 AI 设计出让世界更美好的事物。AI 并不是某种遥不可及的科技,而是你身边的"超级英雄",期待着你和它建立深度"友谊"。

好了,这本书就到这儿了,感谢你能将它读完。从今天开始,不要害怕 AI,也不要排斥它,把它当成你的伙伴,用它探索未知的领域,解决身边的小问题。慢慢地,你会发现你已将未来牢牢掌握在了自己手中。

> 未来的道路漫长而美好,而 AI 是你的灯塔,为你照亮前行的方向。世界属于创造者,愿你就是那个创造未来的人!